# Katzenratgeber:

## Katzen halten, beschäftigen und erziehen mit dem unterhaltsamen Buch über Katzen

–

## Katzenpsychologie verstehen

## (mit Clickertraining Anleitung für Wohnungskatzen)

Tanja Lobwald

# Inhaltsverzeichnis

# Einleitung

Liebe Leserin, lieber Leser,

ich freue mich, dass Sie sich für dieses Buch entschieden haben!

Vielleicht haben Sie bereits eine Katze in Ihrem Zuhause aufgenommen und möchten nun mehr über die Gestaltung eines angenehmen Zusammenlebens erfahren. Vielleicht stehen Sie aber auch noch vor dem großen Schritt, sich einen Fellball nach Hause zu holen, und möchten sich mit dieser Lektüre optimal darauf vorbereiten.

Vielleicht sind Sie ja sogar noch im Zwiespalt darüber, ob eine Katze das richtige Haustier für Sie ist, beziehungsweise darüber, ob Sie der richtige Mensch für eine Katze sind? Man hört ja oft, dass Katzen stur, egoistisch und undankbar sind. Ob das stimmt?

Es ist mir ein Anliegen, mit diesem Buch alle Fragen zum Thema Katzenhaltung und auch -erziehung zu klären, denen Sie in den nächsten Wochen, Monaten oder vielleicht sogar Jahren begegnen werden.

Beginnen werden wir unsere Reise mit Dingen rund um die Adoption einer Katze - welche Möglichkeiten stehen Ihnen dabei zur Verfügung, worauf sollten Sie bei der Auswahl einer Katze achten, wie sollte deren Einzug ins neue Heim ablaufen?

Aber auch um die Grundausstattung wird es gehen, also um all die Dinge, die Sie bereits vor dem Einzug des neuen Familienmitgliedes anschaffen sollten, um einen sanften Start zu gewährleisten.

Weiter geht es dann mit dem hitzigen Thema Ernährung: Worauf sollten Sie bei Fertigfutter für Ihre Katze unbedingt achten oder wie gehen Sie das Thema BARFen an, wenn Sie Ihrer Katze rohes Fleisch füttern möchten? Dabei werden wir immer im Blick behalten, wie wichtig die richtige Ernährung für ein gesundes und langes Leben ist.

Auch auf das Thema Gesundheit gehe ich in meinem Buch ein, um Ihnen einen Überblick über wichtige Impfungen und häufige Katzenkrankheiten zu verschaffen. So sind Sie für den ersten Besuch beim Tierarzt und auch für den Ernstfall bestens gewappnet!

Zu guter Letzt werden wir unser Augenmerk gemeinsam auf den Alltag mit Ihrer Katze richten und auf alles, was dazu gehört.

Das ist einerseits die Klärung der Fragen, wie Sie Ihrem Stubentiger eine spannende Zeit bereiten können, um Langeweile zu vertreiben. Ist Ihr Tier gut ausgelastet, schleichen sich nämlich schlechte Verhaltensweisen nicht so leicht ein.

Andererseits möchte ich Ihnen aber auch zum Thema Katzenerziehung wertvolle Empfehlungen an die Hand geben. Gerade dies stößt immer wieder auf Widerstand oder Unglauben, denn gemeinhin werden Katzen als unkooperativ und kaum erziehbar betitelt. Doch haben Sie keine Angst - bei Katzen sind zur Erziehung einfach nur andere Ansätze erforderlich als bei manch anderen Tieren.

Während ich diese Zeilen schreibe, schnurrt mein Stubentiger neben mir entspannt in seinem Körbchen. Er hat seine heutige Einheit Clickertraining nämlich bereits erfolgreich absolviert. Ich teile also nicht nur recherchierte, sondern auch persönliche Erfahrungen mit Ihnen und kann diese darum von Herzen empfehlen.

Viele von uns erziehen Katzen eher "passiv", ohne viel Zutun, durch natürlich Abläufe und Verbote im Alltag. Doch manche Fellknäuel benötigen etwas mehr Anleitung und auch Übung, um sich zurechtzufinden und um sich auf die Spielregeln in Ihrem Zuhause einzustellen.

Jede Katze ist anders. Haben Sie sich beispielsweise für ein Tier aus einer Auffangstation entschieden, kann es sein, dass bereits viele unangenehme Verhaltensweise mit ins neue Zuhause gebracht werden. Schaffen Sie sich ein Kitten an, stellen Spieltrieb sowie Sturm und Drang in der Jugend zusätzliche Herausforderungen, aber auch zusätzliches Potential dar!

Schaffen Sie also mit der richtigen Erziehung ein wundervolles Umfeld für Ihre Katze und profitieren Sie alle von einem harmonischen Zusammenleben! Testen Sie die Tipps und Tricks, die Sie am Ende dieses Buches nachlesen können, und beginnen Sie eine spaßige, aber effektive Reise mit Ihrem Stubentiger! Auf ein langes und gutes Zusammenleben!

Viel Spaß bei diesem Abenteuer!

Treten Sie auch unserer Facebook Gruppe bei!
Einfach den QR-Code scannen!

https://t1p.de/kiu2

**Oder besuchen Sie unsere Webseite!**

**www.katzensprache-lernen.de**

# Kapitel 1: Bevor eine Katze oder ein Kater bei Ihnen einzieht…

Die Anschaffung eines Haustieres muss natürlich gut bedacht sein. Damit Sie alle für diese Überlegung wichtigen Faktoren berücksichtigen können, erfahren Sie in diesem Kapitel, was Sie vor der Adoption einer Katze beachten sollten. Die Entscheidung für die Adoption einer Katze sollte aufgrund von rationalen Argumenten getroffen werden, damit das langfristige harmonische Zusammenleben und die optimale Versorgung des Tieres gewährleistet sind.

Allzu oft sind wir beim Anblick eines kleinen Kätzchens

emotional in wenigen Sekunden von der Adoption dieser Katze überzeugt – in diesem Moment sind wir absolut hingerissen und mit unseren Gedanken fernab von rationalen Überlegungen.

## Die nächsten 20 Jahre im Blick haben

Was haben Sie für die nächsten 20 Jahre geplant - einen längeren Auslandsaufenthalt, häufige Umzüge oder Ähnliches? Mit der Adoption einer Katze übernehmen Sie für ungefähr 20 Jahre die Verantwortung für ein kleines miauendes Lebewesen und dementsprechend sollten Sie eine grobe Idee haben, ob eine Katze in Ihre Lebensplanung für die nächsten 20 Jahre passt.

Dabei sollten Sie bedenken, dass eine Katze sich schnell an ihre Umgebung gewöhnt und diese als ihr Revier ansieht, welches sie nur ungern verlässt. Aber nicht nur Ihr Wohnort sollte möglichst konstant sein, sondern auch Ihre Lebenssituation. Besonders in den ersten Tagen und Wochen benötigt der Neuankömmling Ruhe und Entspannung, um sich an sein neues Zuhause zu gewöhnen. Falls also in der nächsten Zeit größere Veränderungen bevorstehen, sollten Sie mit der Adoption einer Katze warten und diese auf einen späteren, ruhigeren Zeitraum verschieben.

## Im Konsens entscheiden

Eine weitere Überlegung betrifft die involvierten Familienmitglieder. Sind alle im Haushalt lebenden Familienmitglieder oder Mitbewohner mit dem Einzug eines flauschigen Mitbewohners einverstanden? Und haben sich alle

Familienmitglieder und Mitbewohner auf eine mögliche Katzenhaarallergie testen lassen? Möglicherweise leben Sie bis zu 20 Jahre mit der Katze zusammen und dies sollte für alle Parteien möglichst angenehm sein. Kinder sind in der Regel sehr leicht zu begeistern, wenn es um den möglichen Einzug eines tierischen Mitbewohners geht. Allerdings sollte die Entscheidung niemals „nur“ den Kindern oder dem Kind überlassen werden, denn diese können eine solch große Verantwortung nicht übernehmen und die Konsequenzen dieser Entscheidung nicht adäquat beurteilen. Schließlich muss die Katze artgerecht versorgt werden, Tierarztkosten müssen gedeckt werden und eine liebevolle Urlaubsbetreuung muss organisiert werden – um nur einige mit dieser Entscheidung verbundenen Facetten zu erwähnen. Die Entscheidung über den Einzug eines tierischen Mitbewohners sollte also durch die im Haushalt verantwortlichen Erwachsenen geschehen. Im Hinblick auf die Finanzen sollten Sie jährlich grob 800-1000 Euro für Futter, Spielsachen, Tierarztkosten und alles Weitere einplanen.

Vielleicht fallen besonders in den ersten Jahren weniger Tierarztkosten an und somit lohnt es sich ein wenig Geld für eventuelle spätere Behandlungen beim Tierarzt zurückzulegen. Denn vor allem ältere Katzen können ein geschwächtes Immunsystem oder chronische Krankheiten entwickeln, die es zu behandeln gilt. Natürlich können Sie Glück haben und eine bis zum Tode rundum gesunde Katze haben, aber eine Operation nach einem unglücklichen Zusammentreffen mit einem Fahrrad oder einem Auto kann neben einer emotionalen Belastung auch zu einer finanziellen Belastung werden!

## Ist das Revier groß genug?

Egal, ob die Katze Zugang nach draußen hat oder nicht – sie alle benötigen ein ausreichend großes Revier in Ihren vier Wänden, denn dort muss Platz für die verschiedensten Aktivitäten sein. Ihre Katze benötigt einen Platz für die Nahrungsaufnahme, zum Entspannen, zum Toben und für die Verrichtung ihres Geschäfts. Grundsätzlich sollte Ihre Wohnung oder Ihr Haus den für die verschiedenen Katzenaktivitäten ausreichend Platz bieten. Zusätzlich sollten Sie bereit sein einige Katzenmöbel und Katzenspielzeug in Ihr zu Hause zu integrieren. In jedem gut sortierten Zoofachhandel und im Internet finden Sie ansprechende und stilvolle Katzenmöbel. Die Anschaffung dieser Katzenmöbel ist vor allem sinnvoll, wenn Ihre Katze keinen Zugang zu Abenteuern im Freien hat und sich somit die Zeit in Ihrem Zuhause vertreiben muss. Sollte dies der Fall sein, sollten artgerechte Kletter- und Bewegungsmöglichkeiten zur Verfügung stehen.

Sind sie bereit dazu, Ihrer Katze den notwendigen Platz innerhalb Ihres Zuhauses zuzugestehen? Sicherlich können Katzen daran gewöhnt werden bestimmte Räumlichkeiten nicht zu betreten, aber sie werden diese Regel weniger strikt berücksichtigen, als z.B. ein Hund. Katzen haben durchaus auch betreffend ihrer Wohnsituation ihren Eigensinn, wobei wir schon beim nächsten Thema wären!

## Katzen brauchen kein Herrchen oder Frauchen

Sind Sie bereit für ein Haustier, dass Sie nicht als Herrchen oder Frauchen ansieht, sondern als menschlichen Mitbewohner? Dann ist eine Katze das ideale Haustier für Sie, denn Katzen sind unglaublich selbstständig und sie sind ihr eigenes Herrchen (oder Frauchen).

Sie werden also eher selten in den Genuss kommen Ihrer Katze ein Herrchen oder Frauchen zu sein, denn Ihre Katze sieht Sie vielmehr als haarlosen Mitbewohner.

Katzen fühlen sich durchaus wohl im Familienverband und sind bereit sich an die dort herrschenden Regeln im groben Rahmen anzupassen – aus ihrem sozialen Antrieb heraus. Ihre Katze wird Ihr Zuhause schon nach wenigen Tagen oder Wochen als ihr eigenes Revier ansehen und somit innerhalb ihrer Möglichkeiten ihre Triebe ausleben. So kann es durchaus vorkommen, dass die Katze das ein oder andere Mal ihre Krallen an dem schönen Holzschrank wetzt, sie beim Toben eine Pflanze umwirft oder eben das Waschbecken zu ihrem Ruheplatz auswählt. Katzen lassen sich eben weniger gut „trainieren" und erziehen als Hunde, auch wenn sie durchaus dazu bereit sind einige Regeln oder Kunststücke zu erlernen.

Können Sie sich vorstellen, dass der Eigensinn Ihrer Katze nicht zum Problem wird, sondern eine wunderbare Bereicherung für Ihren Alltag darstellt? Denn Sie holen sich mit einer Katze einen absolut autonomen Mitbewohner ins Haus, der zu seiner eigenen Zeit sein Frühstück, sein Abendessen, seine Ruhe und seine Streicheleinheiten einfordert: Fürsorge ohne direkte Führung eben. Der soziale Trieb der Katzen sorgt dafür, dass die Katze sich innerhalb des vorherrschenden häuslichen Systems einfindet und somit das harmonische Gleichgewicht bestehen bleibt, auch wenn so manche Katze eine gute Führungspersönlichkeit abgeben würde.

## Die Katze möchte Ihre Aufmerksamkeit

Eine Katze verlangt von Ihnen als Halter die Berücksichtigung und Erfüllung ihrer Bedürfnisse. Dazu gehört es, der Katze mindestens zweimal täglich eine artgerechte und gesunde Mahlzeit zu präsentieren (die Aufgabe der Katze ist es in diesem Fall ab und an die köstliche Mahlzeit mürrisch zu betrachten), der Katze ausreichend Auslauf zu gewähren oder die Wohnung entsprechend interessant zu gestalten, und eben auch die Katze im Alltag wahrzunehmen. Das beginnt morgens mit einer Streicheleinheit als Begrüßung, mit einer Streicheleinheit am Abend, einer Streicheleinheit, nachdem der schreckliche Staubsauger da war und natürlich eine Streicheleinheit, wenn die Katze von einem erfolgreichen Beutezug wieder nach Hause zurückkehrt. Dies sind natürlich nur Beispiele, denn jede Katze hat ein ganz individuelles Bedürfnis nach Zuwendung und Nähe. Sie müssen sich nicht sklavisch den von Ihrer Katze geforderten Streicheleinheiten unterwerfen und natürlich auch mal keine Zeit (oder Lust!) haben. Dennoch sollten Sie bereits vor der Anschaffung einer Katze überlegen, ob Sie bereit sind Zeit und Energie in die Beziehung zu Ihrer Katze zu investieren.

Höchstwahrscheinlich können Sie zum jetzigen Zeitpunkt nicht einschätzen, ob Ihr zukünftiger tierischer Mitbewohner gerne erzählt, morgens in Ruhe gelassen werden möchte, abendliche Streicheleinheiten liebt oder gerne getragen wird. Sie wissen nur, dass Sie offen für die Art Ihrer Katze sein müssen, um eine vertrauensvolle und liebevolle Bindung zu ihr aufbauen zu können – wie klingt das für Sie?

## Die Balance finden

Katzen lieben Beständigkeit und das Abenteuer! Ja, was denn nun? Genau, Katzen möchten eine beständige Basis im Rahmen derer sie Abenteuer wählen kann. Katzen reagieren in der Regel alles andere als gelassen auf erzwungene Abenteuer wie Reisen, Umzüge oder Ähnliches. Hat die Katze aber eine verlässliche Basis, einen gewohnten Rhythmus und feste Bezugspersonen, ist sie durchaus bereit sich in diesem Rahmen in das ein oder andere Abenteuer zu stürzen.

Können Sie Ihrer Katze diese beständige Basis mit der Extraportion Abenteuer bieten? Besonders junge Katzen möchten innerhalb ihres gewohnten Umfeldes durch Abenteuer unterhalten werden, sodass sie ihre Fähigkeiten und Fertigkeiten durch das Experimentieren ausbauen können.

## Katzen und Kinder?

Sie haben bestimmt schon einmal von einer Familie im Bekanntenkreis gehört, in welcher sich Kind und Katze so gar nicht verstehen wollten. Die Schuld wird zumeist auf die Persönlichkeit der Katze geschoben – was auch durchaus die Ursache sein kann – aber zumeist ist es doch ein Zusammenspiel vieler verschiedener Faktoren.

War die Katze vor dem Baby da, fühlt sich nun vielleicht vernachlässigt und zeigt dies durch das Urinieren außerhalb des Katzenklos? Oder möchte das Kätzchen sich eben nicht wie auf den vielen Fotos auf sozialen Medien beim Mittagsschlaf eng an den eigenen Nachwuchs kuscheln?

Grundsätzlich gilt: Die Beziehung zwischen Katzen und Kindern ist so gut, wie Sie als Erwachsene dafür die Basis bilden. Zum einen müssen alle Parteien ihre Bedürfnisse erfüllt sehen und zum anderen müssen Kinder den Umgang mit einem Haustier erlernen (genauso wie die Katze den Umgang mit Menschen erlernen musste). In der Regel funktioniert dies ganz intuitiv, besonders wenn Kinder mit Katzen aufwachsen und die Katze gut in den familiären Kreis integriert ist. Trotzdem muss Kindern deutlich gemacht werden, das Verhalten der Katze zu respektieren und Sie nicht als Spielzeug zu betrachten. Nicht alle Katzen wollen als „Puppe" im Kinderwagen herumgefahren werden und wehren sich dementsprechend. Das kann von Kindern oftmals falsch interpretiert werden, was zu einem schlechten Verhältnis führen kann.

Je nach Alter des Kindes können Sie mit Ihrem Kind klare Regeln im Umgang mit der Katze absprechen. Die allermeisten Kinder haben eine starke Intuition und gehen ganz von sich aus liebevoll, respektvoll und nachsichtig mit den tierischen Bewohnern um. Falls Ihr Kind bereits schlechte Erfahrungen mit Tieren gemacht hat, gilt es, ein extra Auge auf mögliche Angstreaktionen des Kindes zu werfen, die zwar verständlich, aber dennoch für die Katze nicht schön sind. Das Kind oder die Kinder sollten zu keiner Zeit das Gefühl haben, mit der Katze um den ersten Platz in Ihrer Prioritätenliste zu ringen. Besonders wenn die Katze neu einzieht, richtet sich die gesamte Aufmerksamkeit erstmal auf den kleinen Tiger. Machen Sie es Ihrem Kind leicht und beziehen Sie es ganz aktiv in die Pflege der Katze mit ein. So ist es nicht „Meine Eltern kümmern sich um die neue Katze", sondern „Wir kümmern uns gemeinsam". Anhand Ihres Verhaltens wird Ihr Kind schnell lernen, wie der ideale Umgang mit einem Tier aussieht, denn wir Menschen lernen vor allem durch Nachahmung. In verschiedenen TV-Serien wird den Kindern natürlich ein Bild von Tieren vermittelt, das nicht mit der Realität übereinstimmt. Katzen sind keine Kuscheltiere und stehen auch, nachdem sie von einem Schrank begraben wurden, nicht wieder fröhlich auf – so hart es auch klingen mag: Der natürliche Umgang mit Kindern kann durch schlechte Vorbilder in Medien negativ beeinflusst werden.

Falls Ihr Kind noch sehr klein ist, wird es schnell an der Reaktion der Katze merken, wenn es ihr wehgetan hat. Klar, es ist wahnsinnig interessant mal an diesem flauschigen Ding zu ziehen, dass immer am Spielteppich vorbei wedelt. Im schlimmsten Fall wehrt sich die Katze, im Idealfall rennt sie quietschend oder schreiend weg. Auch kleinen Kindern kann an dieser Stelle erklärt werden, wie das Kind sein Interesse auf katzenfreundliche Art ausdrücken kann. Zu schimpfen und zu verbieten, ergibt in der Regel keinen Sinn, denn Ihr Kind handelt aus positivem Interesse heraus, nicht aus negativen Absichten. Also einfach den Forscherdrang der Kleinen in katzenfreundliche Bahnen lenken. Auch ältere Kinder werden erst einmal austesten, wie sich der Kontakt mit der Katze gestalten lässt. Helfen Sie Ihrem Kind katzenfreundliche Annäherungsversuche zur Gewohnheit zu machen. Eine gute Hilfestellung für Ihr Kind ist, wenn Sie ihm die Katzensprache erklären: Fauchen, Knurren und Wegrennen bedeuten „nicht schön" und Schnurren, Näherkommen und Streicheln lassen gehören zur Kategorie „schön". Die Katzensprache für das Kind zu übersetzen, kann also viele Konflikte von vorneherein verhindern.

Ganz klar ist, dass die Katze beim Fressen, auf der Toilette und beim Schlafen ihre Ruhe haben möchte. Das gilt höchstwahrscheinlich für jedes Familienmitglied und sollte somit für das Kind nicht allzu schwer zu akzeptieren sein. Zudem sollte auch selbstverständlich werden, dass nach dem Füttern der Katze, nach der Hilfe beim Säubern der Katzentoilette, nach dem Waschen des Futternapfs und Ähnlichem Händewaschen angesagt ist.

Es gibt einige Katzenrassen, die besser in einem kinderreichen Haushalt zurechtkommen und die kleinen Mitbewohner zu schätzen wissen. Generell gilt, dass ältere Katzen einen weniger ausgeprägten Spieltrieb haben und somit auf die Spielversuche der Kinder nicht unbedingt gut reagieren – alte Katzen haben gerne ihre Ruhe. Natürlich gibt es auch höchst aktive alte Stubentiger, die sich über einen aufregenden und vielfältigen Alltag mit Kindern freuen. Es gibt einige Katzenrassen, denen Kinderfreundlichkeit nachgesagt wird. Das sind unter anderem die ursprünglich aus den USA stammende Ragdoll-Katze, die Siamkatzen, die Somali-Katzen, Main Coon, Birma, Perser, Russisch Blau und die Sibirischen Katzen. Diese Katzenrassen sind etwas robuster als die durchschnittliche Katze und können auch mal ein wilderes Fangen-Spiel mit den Kindern überstehen – und genießen! Besonders Ragdoll-Katzen freuen sich über einen abwechslungsreichen Alltag und werden sich bereitwillig den tobenden Kindern anschließen. Siamkatzen sind im Allgemeinen sehr menschenbezogen und machen mit ihrer Liebe natürlich auch nicht vor den kleinen Menschenkindern

Halt. Hier können intensive Freundschaften entstehen und die Gesprächigkeit der Siamkatzen erfreut die meisten Kinder außerordentlich. Auch die sibirischen Katzen sind überaus vital, intelligent und freuen sich über unermüdliche Spielkameraden. Geht es mal etwas lauter zu, sind diese Katzen sofort zur Stelle und möchten mitmischen. Ganz ähnlich ist es bei den Somali-Katzen, die sich über jede Menge Auslauf, Action und viele Mitbewohner freuen.

Bedenken Sie auch, dass Kinder niemals für das Wohlergehen eines Haustieres verantwortlich gemacht werden können. Klar, Kinder können ganz aktiv in die Pflege miteinbezogen werden und beim Füttern helfen. Aber die Kinder sollten zu keiner Zeit das Gefühl haben oder den Druck verspüren, dass das Wohlergehen des Tieres in ihrer Verantwortung liegt, denn diese Verantwortung können und müssen Kinder nicht tragen – besonders, weil Sie es waren, die sich für tierischen Zuwachs entschieden haben! Kinder reagieren auch in jedem Alter (und je nach Persönlichkeit) ganz unterschiedlich auf den tierischen Mitbewohner: Im Kleinkindalter werden die Katzen zumeist wahrgenommen, gerne auch gefüttert aber nicht aktiv bespielt. Mit wachsendem Alter steigt das Interesse am Spielen und Kuscheln mit der Katze. Die Beziehung zwischen dem Kind und der Katze (oder den Kindern und den Katzen) entwickelt und verändert sich mit der Zeit! Sind diese grundsätzlichen Regeln klar, steht einem harmonischen Miteinander mit Kind und Katze nichts mehr im Wege.

## Die Katze und andere Haustiere – ein gutes Team?

Und auch hier gilt: Das Team Katze-Haustiere ist nur so gut, wie Sie selbst die Grundlage dafür bieten. Von der hamsterfressenden Katze bis hin zum Hundefreund kann Ihre Katze alles sein, wenn es Raum dafür gibt. Kleinere Haustiere wecken bei der Katze zumeist einen natürlichen Jagdinstinkt, wobei es auch durchaus Katzen gibt, die den Fischen im Aquarium oder den Meerschweinchen im Käfig keinerlei Beachtung schenken. Hier spielt das Temperament Ihrer Katze natürlich auch eine Rolle.

Sollten Sie mit einem kleinen Draufgänger gesegnet sein, gilt es die notwendigen Sicherheitsmaßnahmen für einen entspannten Umgang zu schaffen. So sollte die Katze niemals mit kleineren Haustieren alleine gelassen und langsam an diese herangeführt werden. Und wie sieht es mit dem Hund-Katze-Gespann aus? Da ist die gesamte Bandbreite zwischen Erzfeinde und beste Freunde möglich. Ein gut integrierter Hund wird die Katze als Familienmitglied respektieren und eine nicht allzu ängstliche Katze wird sich an die Anwesenheit eines Hundes gewöhnen. Möglich ist, dass es zwischen Hund und Katze aufgrund der andersartigen Kommunikation zu Missverständnissen kommt, was aber kein Grund zur Besorgnis sein muss. Innerhalb kurzer Zeit werden Hund und Katze die Rangordnung festlegen (dreimal dürfen Sie raten, welchen Rang Ihre Katze haben wird!) und der Hausfrieden ist wiederhergestellt.

## Welche Katzenrassen gibt es?

Alle Katzenrassen hier aufzuführen, würde den Rahmen sprengen. Aber trotzdem dürfen Sie hier einige gängige Katzenrassen mit ihren Eigenarten und Besonderheiten kennenlernen. Manche Katzen eignen sich bestens für den Singlehaushalt, andere Katzen möchten in einem Rudel leben und wieder andere Katzen freuen sich über spielende Kinder. Sie können schon bei der Wahl der Rasse den Grundstein für ein glückliches Zusammenleben legen. Aber halten Sie dabei immer im Hinterkopf, dass auch hier gilt: Die durchschnittliche Katze einer bestimmten Rasse mag menschenbezogen sein, aber das muss nicht auf jede Katze dieser Rasse in gleichem Maße zutreffen! Dies sind die beliebtesten Katzenrassen:

**Maine Coon** Katzen gehören zu den größten Katzenrassen der Welt und sind für ihr liebes Wesen bekannt. Diese Katzen sind erst mit drei Jahren ausgewachsen. Die Weibchen werden 4-6,5kg schwer, die Männchen 5,5-9kg. Eigentlich kommen diese Katzen aus Neuseeland und eine Maine Coon vom Züchter kostet zwischen 500 und 1000€. Es gibt sie in vielen verschiedenen Farbkombinationen und sie haben halblanges Haar. Von ihrem Wesen her sind sie anhänglich, verspielt, liebevoll, sanft und gesprächig. Die Maine Coons haben einen mittleren Bewegungsdrang und werden insgesamt auch in der Pflege als mittelmäßig aufwendig eingestuft.

**Norwegische Waldkatzen** stammen aus Skandinavien und gehören genauso wie die Maine Coons zu den großen Katzenrassen mit halblangen Haaren. Auch die Norweger gibt es in verschiedenen Farbkombinationen und kosten beim Züchter zwischen 550 und 1000€. Obwohl sie bzgl. Pflegeaufwand im mittleren Bereich angesiedelt werden, haben sie einen hohen Bewegungsdrang und sind äußerst verspielt. Gleichzeitig sind sie selbstbewusste und gesellige Katzen, die nicht gerne alleine leben. Die Weibchen können ein Gewicht von bis zu 7kg erreichen, die Männchen werden bis 9kg schwer.

**Britisch Kurzhaar** zählen zu den großen Katzen und stammen aus Großbritannien, wie der Name schon vermuten lässt. Sie kommen in allen Farben vor und haben blaue, grüne oder kupferfarbene Augen. Diese Katzen haben kurzes Haar und kommen mit einem mittleren Pflegeaufwand im Gepäck. Vom Wesen her sind sie recht unkompliziert, haben gerne auch mal ihre Ruhe, sind eigenständig, ruhig und zudem auch anpassungsfähig. Ihr Bewegungsdrang liegt im mittleren Bereich. Die Weibchen werden bis zu 4,5kg schwer, die Männchen bis zu 7kg. Beim Kauf dieser Rasse müssen Sie mit Kosten zwischen 600 und 700€ rechnen.

**Bengal** sehen aus wie kleine Tiger, was sich in ihrem hohen Bewegungsdrang widerspiegelt. Sie gehören zu den mittleren-großen Katzenrassen, die Weibchen werden bis zu 4kg schwer, die Männchen sogar bis zu 7kg. Die Bengalen haben kurzes Fell und der Pflegeaufwand ist gering. Allerdings ist die Anschaffung mit Kosten bis zu 1400€ verbunden. Dafür bekommen Sie eine äußerst aktive, temperamentvolle und gesellige Katze, die sie mental im großen Maße fördern/trainieren können und die gerne mit anderen Lebewesen zusammen ist. Ursprünglich stammt diese Katzenrasse aus den USA.

**Siamkatzen** stammen ursprünglich aus Thailand und gehören eher zu den mittelgroßen Katzen. Sie erreichen auch nur ein moderates Gewicht von maximal 5kg. Mit ihrem kurzen Fell sind sie, was die Pflege angeht, recht unkompliziert. Wer sich eine Siamkatze kauft – was übrigens mit Kosten von 500-800€ verbunden ist – der bekommt eine äußerst menschenbezogene, intelligente und gesprächige Katze. Siamkatzen mögen es in der Nähe ihrer Menschen zu sein und mit diesen zu plaudern. Es sollte also ausreichend Zeit für die Beschäftigung mit diesen Katzen vorhanden sein! Siamkatzen spielen auch gerne, um ihren recht hohen Bewegungsdrang auszuleben.

**Ragdoll** gehören zu den größten Rassekatzen und stammen ursprünglich aus den USA. Die Weibchen können ein Gewicht von 6,5kg erreichen, die Männchen werden sogar bis zu 10kg schwer. Ihr Haar ist halblang und der Pflegeaufwand liegt im mittleren Bereich. Die Ragdoll gelten charakterlich als sanft, ruhig, neugierig und durchaus auch menschenbezogen. Sie haben in der Regel kein Problem mit Kindern, sondern freuen sich ihren moderaten Bewegungsdrang im Spiel auszuleben. Die Kosten für diese Katzen liegen bei 600-1000€.

**Birma** stammen aus Frankreich und sind mittelgroße Katzen. Das heißt, dass die Weibchen maximal 4kg schwer werden und die Männchen maximal 6kg. Der Pflegeaufwand bei dieser Rasse ist eher mittelmäßig, da sie halblanges Haar haben, was viele verschiedene Farbnuancen haben kann. Die Augenfarbe einer reinen Birma ist blau. Nachdem 500-800€ für die Anschaffung ausgegeben wurden, erhält man in der Regel eine sehr ruhige, aber äußerst gesellige Katze, die die Nähe ihrer menschlichen Mitbewohner liebt und gar nicht gerne alleine ist.

**Perser** sind mit ihren langen Haaren in der Pflege recht aufwendig. Das Fell kann verschiedenste Farben haben, die Augenfarbe ist meist orange, blau oder grün. Diese recht großen Katzen kosten in der Anschaffung bis zu 800€. Sie haben einen eher geringen Bewegungsdrang und sind äußerst liebevolle, kuschelbedürftige und ruhige Lebewesen.

**Europäische Hauskatzen** können in jeglicher Größe und Farbe auftauchen. Sie sind relativ klein, wiegen maximal 4,5kg und bedanken sich bei ihren Menschen mit geringem Pflegeaufwand. Diese Katzen sind äußerst freiheitsliebend und bevorzugen ausgedehnte Streifzüge in der Natur. Gleichzeitig können sie eine enge Bindung zu ihren menschlichen Bezugspersonen aufbauen und schätzen deren intensive soziale Bemühungen. Preislich liegen diese Katzen bei 100€-200€.

**Kartäuser** haben bläuliches Fell und gehören zu den mittelgroßen Katzen. Die Weibchen werden bis zu 4kg schwer, die Männchen bis zu 7kg. Sie haben einen mittleren Bewegungsdrang und schätzen kleinere Runden in der freien Natur ebenso wie die enge Bindung zu ihren Menschen. Kartäuser sind generell ausgeglichen, lieb und freundlich und eignen sich somit perfekt für das Zusammenleben mit Kindern oder in großen Familien. Die Anschaffung kostet durchschnittlich 500-800€.

**Russisch Blau** sind blaugraue Katzen aus Russland von kleinerer Statur. Ihr Fell ist plüschig und seidig, weswegen hier ein mittlerer Pflegeaufwand besteht. Diese Katzen sind besonders ruhig und bestehen meist nicht auf Freigang, sofern sie sich Zuhause mit ausreichend Spielzeug und Spielpartnern versorgt wissen. Diese Katzen eignen sich bestens für Familien mit Kindern, da sie lieb, aufgeschlossen und anhänglich sind. Preislich liegen diese Katzen bei 500-700€ Anschaffungskosten.

**Sphynx Katzen** sind haarlos und stammen ursprünglich aus Kanada. Aufgrund des fehlenden Fells meiden diese Katzen Freigänge zu heißen und kalten Jahreszeiten, da sie nicht ausreichend vor Sonnenbrand und Kälte geschützt sind. Sie halten sich also vorwiegend drinnen auf und sind sehr menschenbezogen, anhänglich und intelligent. Ihre hohe Intelligenz lässt sich wunderbar für das Katzentraining nutzen. Diese Katzen kosten 900-1200€.

Übrigens muss es nicht immer eine Rassekatze sein! Auch Mischlinge können die charakteristischen Züge einer bestimmten Rasse tragen und Ihnen somit auch das bieten, was Sie suchen. Dazu sind Mischlinge meist robuster und weniger anfällig für Krankheiten.

## Von welchem Planeten stammt Ihre Katze?

Es gibt einige Katzenhalter, die durch einen glücklichen Zufall zu ihrer Katze gekommen sind. Falls bei Ihnen nicht spontan eine Katze vor der Tür stand, werden Sie sich sicherlich fragen, welches der beste Ort für den Kauf einer Katze ist.

Zunächst stehen Ihnen zwei Möglichkeiten offen: Eine Katze vom Züchter zu holen oder eine Katze aus dem Tierheim/Katzenschutz zu holen. Die Tendenz geht mittlerweile klar zum Tierheim oder zum Katzenschutz. Denn wieso nicht einer Katze ein neues Zuhause bieten, die es unbedingt benötigt? Zudem wird an reinen Rassekatzen häufig kritisiert, dass sie unter bestimmten Krankheiten leiden, die durch die strenge Züchtung entstanden sind. Das gilt es natürlich zu vermeiden. Es gibt immer wieder Züchter – meist außerhalb Deutschlands ansässig – die sehr junge Katzen in einem Alter von unter 12 Wochen vermitteln möchten. Die Kleinen sind dann natürlich zuckersüß, aber leider noch lange nicht bereit, um die Welt ohne ihre Katzenmutter zu erkunden. Kitten werden von ihrer Mutter gestillt und sollten diese lebenswichtige Phase mindestens drei Monate durchleben dürfen. Auch drei Monate ist ein recht junges Alter, um sich von der Katzenmutter zu trennen. Achten Sie auf die Seriosität der Züchter und lassen Sie die Kitten so lange wie möglich bei ihrer

Mutter, auch wenn Sie die Kleinen am liebsten sofort mitnehmen möchten.

Falls Sie sich um den gesundheitlichen Zustand Ihrer Katze sorgen, können Sie beruhigt sein, denn in deutschen Tierheimen gelten strenge Regeln und Sie werden hier nicht mit kranken Katzen überrascht. Und auch im Tierheim gibt es immer wieder reinrassige Katzen und Kitten – falls Sie darauf großen Wert legen. Verschiedene Tierschutzorganisationen agieren national und länderübergreifend. Falls Sie gerne einen nicht unwichtigen Beitrag in diese Richtung leisten möchten, dann setzen Sie sich mit verschiedenen Tierschutzorganisationen in Verbindung. Diese suchen immer dringend nach schönen „forever homes" für ihre vielen Schützlinge, die aus tragischen Situationen gerettet worden sind. Im Endeffekt kommt es weniger auf die Rasse, den Herkunftsort und das Alter an, als auf den tatsächlichen Charakter der Katze. Auch im Tierheim haben Sie die Möglichkeit die Katzen vorher kennenzulernen. Zudem ist es ein schönes Gefühl zu wissen, dass Sie einer Katze aus dem Tierschutz oder Tierheim ein schönes Leben ermöglichen.

## Und zu guter Letzt…

…sollten Sie sich fragen, ob eine junge oder ältere Katze besser zu Ihnen passt. Es ist zwar wunderschön eine junge Katze aufwachsen zu sehen, aber es ist eben auch wunderschön einem grade ausgewachsenen oder einem etwas älteren Exemplar ein schönes Zuhause zu bieten. Oftmals wird gesagt, dass sich eine junge Katze besser in die bestehenden Strukturen einleben kann und dementsprechend weniger

Erziehungsarbeit anfällt. Dem ist definitiv nicht so! Denn in welchem Maße sich eine Katze in die bestehenden Strukturen einlebt, hängt nicht zuletzt auch von ihrem Temperament und der Beziehung zu den Bezugspersonen ab. Im Zweifelsfall fällt gerade bei der Aufnahme einer jungen Katze mehr Erziehungsarbeit und Beschäftigungsarbeit an, als bei einer ausgewachsenen Katze!

# Kapitel 2: Einzel- oder Paarhaltung?

In der Regel ist die Paarhaltung zu bevorzugen! Warum? Weil besonders junge Kätzchen Artgenossen benötigen, um soziales Verhalten zu erlernen. Die Beziehung zu anderen Katzen ist für junge Katzen also ein absolutes Muss, so wie es auch bei Kindern der Fall ist. Es ist nicht immer leicht den richtigen Partner für eine Katze zu finden und so bietet es sich an, aus einem Wurf gleich zwei Kätzchen aufzunehmen. Idealerweise zwei Kätzchen, die bereits eine enge Bindung haben und sich nicht mehr aneinander gewöhnen müssen. Für Katzen ist es essentiell wichtig innerhalb eines Rudels zu leben, damit sie ihre Urinstinkte ausleben, voneinander lernen und artgerecht sozialisiert werden können. Es geht ihnen dabei ganz ähnlich wie uns: Wachsen wir als Kind isoliert unter fremden Lebewesen auf, fehlt uns die Möglichkeit zur Sozialisierung und Kommunikation. Auch Katzen möchten mit Artgenossen kommunizieren, spielen, raufen und Rudel bilden.

Und egal wie sehr Sie sich als Katzenhalter bemühen, Sie werden einer Katze niemals das Rudel oder den Partner ersetzen können. Besonders, wenn die Katze keinerlei Möglichkeit hat draußen mit anderen Katzen in Kontakt zu kommen, ist es für die Katze enorm wichtig mindestens einen weiteren Katzenkumpel begrüßen zu dürfen. Anders sieht es bei der Aufnahme einer älteren Katze aus, denn diese können durchaus wahre Einzelgänger sein und sich im Verbund mit neuen, fremden Katzen eher unwohl fühlen. Die Vergesellschaftung von Katzen kann mitunter schwierig sein und in einem Mehrkatzenhaushalt können durchaus Konflikte zwischen den Katzen auftreten – was ist also die für Sie ideale Lösung?

## Einzelkatzen

Dass Katzen Einzelgänger sind, kommt in der Natur eher selten vor. Dennoch gibt es eine Vielzahl von älteren Katzen, die aufgrund vorheriger Haltungsbedingungen, anderen Katzen gegenüber nicht mehr aufgeschlossen sind. Somit wäre ein Mehrkatzenhaushalt für diese Katzen mehr Stress als Mehrwert.

Sollten Sie sich eine Einzelkatze wünschen, wäre eine ältere Katze, die bereits ein „Einzelgänger-Dasein" fristet, ideal. Kitten zu Einzelgängern zu machen und ihnen die Gesellschaft anderer Katzen vorzuenthalten, kann verschiedene Probleme im Alltag hervorrufen. Zum einen hat die allein gehaltene Katze keinerlei Möglichkeit sich ausreichend zu sozialisieren und sie wird sich auf Dauer langweilen und einsam fühlen. Dies ist nicht nur für die Katze unschön, sondern für Sie als Katzenhalter auf Dauer auch nicht, denn die Katze wird ihrem Unmut Luft machen. Während die eine Katze aus Langeweile „nur“ am edlen Designersessel kratzt, übt sich die andere Katze aufgrund ihrer Einsamkeit im „Protestpinkeln“. Jedes auffällige Verhalten einer Katze lässt auf ein tieferliegendes Problem schließen.

## Katzenpaare oder -rudel

Der für Katze und Mensch angenehmere Weg ist es mindestens zwei Katzen aufzunehmen. Hierbei ist es natürlich ideal zwei bereits aneinander gewöhnte Kitten aus einem Wurf aufzunehmen. Aber auch ältere Katzen lassen sich manchmal in Paaren oder zu dritt aus dem Tierheim aufnehmen, wenn sich eine enge Bindung zwischen den Katzen entwickelt hat. Bereits miteinander vergesellschaftete Katzen aufzunehmen, hat den Vorteil, dass Sie sich als Halter jede Menge Aufregung ersparen. Die Frage „Werden sich diese Katzen jemals mögen?“ können Sie dann nämlich getrost beiseiteschieben. Sollen zwei sich unbekannte Katzen miteinander vergesellschaftet werden, sollte man unbedingt auf das Temperament der Katzen achten:

- Wie alt sind die beiden Katzen? Eine junge, verspielte Katze kann einer älteren, ruhebedürftigen Katze schnell auf die Nerven gehen. Hier sind Auseinandersetzungen vorprogrammiert.
- Wie aktiv sind die beiden Katzen? Eine aktive Katze hat höchstwahrscheinlich ein gesteigertes Bedürfnis mit der anderen Katze zu spielen – harmonisieren die beiden Katzen in diesem Punkt?

- Sind die Katzen kastriert oder kann es zu Schwierigkeiten aufgrund von Paarungswünschen kommen?

Dies sind zwar einige Anregungen, um die Vergesellschaftung zweier oder mehrerer Katzen ausreichend vorzubereiten. Nun ist es jedoch so, dass Katzen Individuen sind und dass eine Vergesellschaftung trotz aller Vorkehrungen manchmal nicht wie gewünscht abläuft. Oder es kann ganz anders kommen und zwei zuvor als „nicht passend" ernannte Katzen werden zu besten Freunden. Sie kennen Ihre Katze/n besonders gut. Falls Sie also eine Katze aus dem Tierheim aufnehmen wollen, dann sprechen Sie zuvor mit dem Personal im Tierheim. Dieses kann Ihnen nicht nur Tipps zur Vergesellschaftung geben, sondern auch eine möglicherweise gut passende Katze empfehlen!

Manche Katzenhalter verabreichen Ihren Katzen bei einer bevorstehenden Vergesellschaftung unterstützend Bachblütentropfen oder separieren die Katzen zu Beginn. Dies sind bestimmt alles hilfreiche Faktoren, die im Endeffekt aber nicht über das Gelingen der Vergesellschaftung bestimmen. Das entscheiden nämlich allein die Katzen.

Zwei Katzen aneinander zu gewöhnen, kann nervenaufreibend sein, muss es aber nicht. Wichtig ist, dass Sie als Halter einen kühlen Kopf bewahren, damit Sie Ihren Katzen beim Kennenlernen adäquate Hilfestellung leisten können. In der Regel ist die neu eingezogene Katze nicht das Problem. Sie ist vielleicht ein wenig gestresst, aufgeregt und neugierig. Die Schwierigkeit bei der Eingewöhnung einer neuen Katze liegt vielmehr beim territorialen Verhalten der alten Katze. Beim

Aufeinandertreffen von zwei oder mehreren Katzen geht es immer darum, eine Rangfolge festzulegen und das kann mitunter auch durch aggressives Verhalten gelöst werden. Dennoch können Sie Ihrer Katze mit folgenden Tricks ein wenig unter die (Katzen)Arme greifen:

- Verteilen Sie etwa eine Woche vor dem Einzug der neuen Katze Decken, Spielsachen oder Ähnliches, an denen der Geruch der neuen Katze haftet. Diese verteilen Sie dann im Revier der alten Katze, also Ihrem Zuhause. Somit kann sich die alte Katze schon einmal geruchstechnisch auf den Neuankömmling einstellen.
- Ganz knapp bevor die neue Katze ihr neues Reich betritt, verteilen Sie die das Hab und Gut der neuen Katze, also Futternäpfe, Toilette, Kratzbaum und Ähnliches, in der Wohnung. Dies sollte tatsächlich unmittelbar vor dem Zusammentreffen geschehen, damit die alte Katze diese Gegenstände nicht schon für sich beansprucht. Die Gegenstände können neu oder eben schon von der neuen Katze gebraucht sein.
- Geben Sie den Katzen ungestörten Raum zum Kennenlernen. Planen Sie also ein, die nächsten Tage keine großen Feste in Ihren vier Wänden zu feiern und halten Sie die Türen innerhalb der Wohnung möglichst offen. So haben die Katzen die Möglichkeit sich zurückzuziehen. Das ist besonders wichtig, um ungestört zu fressen, zu schlafen und der Fellpflege nachkommen zu können. Sich von der Umstellung zu erholen, ist Teil des Prozesses.

- Versuchen Sie, dass möglichst alle Familienmitglieder beim Einzug der neuen Katze anwesend sind. So kann die Katze direkt alle Familienmitglieder kennenlernen und wird nicht von neuen Stimmen und Gerüchen in den nächsten Tagen überrascht.
- Beim eigentlichen Einzug gehen Sie dann ganz entspannt vor. Stellen Sie die Katze mit ihrer Transportbox beispielsweise ins Wohnzimmer, öffnen Sie die Türe der Box und warten Sie ab. Sie dürfen sich natürlich mit den Katzen beschäftigen, aber Sie dürfen auch Ihrem Alltag nachgehen! Die Box sollten Sie noch einige Zeit als Rückzugsort für die neue Katze stehen lassen, schließlich war das ihr Space Shuttle mit dem Sie zu Ihnen gestoßen ist und könnte ihr unter Umständen Sicherheit vermitteln.
- Kümmern Sie sich gleichermaßen um beide Tiere. Füttern Sie die Tiere möglichst zur gleichen Zeit, stellen Sie Ihnen die gleichen Spielzeuge zur Verfügung und gestalten Sie keinen extra Raum für die eine oder andere Katze.

Sie werden merken, dass die beiden Katzen nicht sofort aufeinander zugehen, sondern sich in der Regel erstmal aus der Entfernung ansehen, anknurren oder anfauchen. Das gehört alles zum Konzept des Kennenlernens dazu. Auch kleinere Kämpfe sind völlig ok und sollten von Ihnen nicht unterbrochen werden. Sofern keine ernsthaften Verletzungen entstehen, gibt es keinen Grund zur Sorge. Je nach Charakter der Katzen könnten auch Sie als Mitbewohner zur Zielscheibe werden.

Machen Sie sich bereit dafür angeknurrt, angefaucht und einige Tage nicht beachtet zu werden. Das gibt sich mit der Zeit und Ihre Katzen zeigen Ihnen damit eigentlich nur, dass die Situation gerade nicht so prickelnd ist. Und jetzt bleibt nur noch eins zu tun: Geduldig, sehr, sehr, sehr geduldig abwarten. Vielleicht entwickelt sich eine feste Katzenfreundschaft, vielleicht eine Katzenliebe oder eine mehr oder weniger freundliche Koexistenz. Es ist übrigens ganz egal, ob Sie zwei Katzen zusammenführen oder eine Katze in eine bereits bestehende Katzengemeinschaft eingliedern möchten – das Vorgehen bleibt gleich. Falls nach sechs Monaten keinerlei nennenswerte Fortschritte in Richtung Frieden geschehen sind, kontaktieren Sie doch mal den Tierarzt Ihres Vertrauens oder einen Katzenexperten!

Manche Katzenexperten empfehlen, dem Neuankömmling ein separates Zimmer einzurichten, damit die Katze sich in aller Ruhe eingewöhnen kann. Wenn Sie auf diese Weise vorgehen möchten, dann richten Sie der neuen Katze ein eigenes Zimmer mit allem gewünschten Equipment ein. Beachten Sie dann in den folgenden Wochen diese Hinweise:

- Die Katzen lernen sich durch den Geruch auch durch die geschlossene Zimmertüre kennen. Katzen können wesentlich besser riechen als Menschen und diese Fähigkeit werden die neugierigen Katzen nutzen. Tauschen Sie regelmäßig die Kuscheldecken der beiden Katzen miteinander, um den jeweiligen Geruch den Katzen zu präsentieren.

- Das Spielen, Füttern und Streicheln der Katzen sollte immer in der Nähe der Zimmertür stattfinden, durch die die beiden Katzen getrennt sind. So können die Katzen die Geräusche und Gerüche der anderen Katze mit einer positiven Tätigkeit verknüpfen.
- Tauschen Sie regelmäßig die Reviere für einige Stunden. So können die Katzen die Gerüche und das neue Revier gut kennenlernen und das ganz ohne Druck.
- Nachdem sich die neue Katze gut eingelebt hat, das kann nach drei Tagen oder drei Monaten sein, können Sie ein Kindergitter oder ein Moskitonetz an der Tür anbringen und es wagen die Katzen in nächster Nähe und mit echtem Blickkontakt zueinander zu füttern. Falls schon mehrere Katzen zum alten Bestand gehören, ist bei jeder Fütterung eine andere Katze mit Kennenlernen dran. Nach der Fütterung wird die Tür wieder verschlossen! Bei diesem kurzen Kennenlernen kann es zu spontanen Freundschaften und natürlich auch zum Knurren und Fauchen kommen – das darf passieren!
- Sobald Sie das Gefühl haben, dass die Katzen die neue Routine gut beherrschen, können Sie dazu übergehen die Tür mehrmals täglich für einige Minuten geöffnet zu lassen. Beobachten Sie die Katzen und sobald der Kontakt freundlich wird und bleibt, kann auch die Tür dauerhaft geöffnet bleiben.

Keine der beiden genannten Methoden ist per se besser oder schlechter. Aber es kann durchaus sein, dass Ihnen eine der

Methoden besser gefällt und Sie somit mit mehr Sicherheit an die Vergesellschaftung der Katzen herangehen, was äußerst wichtig ist.

Die Vorteile des Mehrkatzenhaushaltes für die Katze liegen auf der Hand, aber welche Vorteile hat der Mehrkatzenhaushalt für uns Menschen?

Unsere Katze hat ein stark verringertes Risiko aus Langeweile oder Einsamkeit auffälliges Verhalten zu zeigen oder sogar aufgrund der nicht artgerechten Haltungsbedingungen krank zu werden. Außerdem rücken wir als Spielkamerad und Bezugsperson in den Hintergrund. Es ist also kein einschneidendes Drama für die Katze, wenn wir für einige Tage nicht da sind und ein anderer „Dosenöffner“ für die Katzen sorgt. Natürlich werden die Katzen trotz der Paarhaltung eine intensive Bindung zu Ihnen aufbauen können, wenn Sie sich ausreichend und liebevoll mit der Katze beschäftigen. Nun bleibt noch die Frage, ob der Mehrkatzenhaushalt für uns als Menschen mehr Arbeit macht als eine Einzelkatze – Nein. Gefüttert wird ohnehin, die Katzentoilette muss sowieso gereinigt werden und mit zwei Katzen auf dem Sofa ist es auch nicht viel enger.

Im Kapitel “Die Katzenerziehung - eine Bindung zwischen Mensch und Tier aufbauen” erfahren Sie noch mehr darüber, wie Sie eine junge oder scheue Katze erfolgreich als neues Familienmitglied integrieren. Dabei werde ich direkt den Fokus aber eher auf den Aufbau einer erfolgreichen und tragfähigen Bindung legen, welcher Ihnen die perfekte Basis bietet, um erfolgreich mit der Erziehung starten zu können.

# Kapitel 3: Die ideale Umgebung für eine Katze

Um sich die ideale Umgebung für eine Katze vorstellen zu können, sollten wir von unseren eigenen Erwartungen an unsere Umgebung abrücken und für eine Weile die Welt durch die Augen einer Katze betrachten. Auf diese Weise erfahren wir, was für eine Katze im Alltag wirklich wichtig ist:

„Das Morgengrauen setzt ein und somit auch mein morgendlicher Appetit. Wie praktisch, dass meine Menschen mir immer so köstliches Futter bereitstellen. Mal sehen, wo die Menschen gerade stecken. Hm, sie schlafen noch, dann lege ich mich noch eine Runde dazu, es ist so schön warm in der Menschenhöhle... Oh, der erste Mensch steht auf, ich renne ihm besser nach und mache auf mich aufmerksam, damit er nicht vergisst mir etwas Leckeres zu Essen hinzustellen. Ah, perfekt, der Mensch geht direkt in die Küche und.. uuuund.. ja, ich bekomme mein Frühstück! Wunderbar, das war lecker. Jetzt möchte ich erstmal eine Runde auf die Katzentoilette (oh, sauber, sehr schön!), meine Ruhe haben, mich ausgiebig putzen und mir danach an einem warmen Örtchen ein Vormittagsschläfchen gönnen. Die Menschen veranstalten irgendeinen Lärm in der Küche und im Badezimmer. Na, die werden wohl, wie fast immer, gleich erstmal draußen in ihrem Revier umherstreifen. Hoffentlich bleiben sie nicht zu lange weg und machen mir die kleine durchsichtige Türe im Badezimmer auf, dann kann ich auch eine Runde durch mein Revier streifen und vielleicht sogar eine Maus fangen... Ich freue mich schon darauf mir meine Streicheleinheiten abzuholen, wenn die Menschen wieder nach Hause kommen. Dann haben sie auch meistens eine kleine Köstlichkeit für mich dabei, spielen mit mir und machen es sich nachher auf meinem Sofa gemütlich!"

So oder so ähnlich könnte der grobe Tagesablauf einer durchschnittlichen deutschen Hauskatze aussehen. Katzen mögen vor allem Beständigkeit und Ruhe. Ein regelmäßiger Tagesablauf hilft der Katze nicht nur, sich optimal in die bestehenden Abläufe zu integrieren und sich einzugewöhnen, es hilft ihr auch sich täglich sicher zu fühlen. Katzen sind sehr sensible Tiere, die jede Veränderung meilenweit erspüren und in den allermeisten Fällen nicht froh über Veränderungen sind.

## Freigänger oder Hauskatze?

Ja, es mag durchaus Katzen geben, die aufgrund einer Krankheit, einer Behinderung oder Ähnlichem nicht mehr in der Lage sind ohne Begleitung hinauszugehen – so geschieht es auch bei uns Menschen. Aber haben Sie je einen gesunden, glücklichen und sozial integrierten Menschen getroffen, der freiwillig sein Leben lang in einer kleinen Stadtwohnung lebt, ohne das Sonnenlicht, den Wind auf der Haut, das Rascheln der Blätter und den Geruch von Regen zu vermissen? Nein, sicherlich nicht. Und so wird es auch jeder Katze gehen, die keinen Zugang zu Abenteuern in der Natur hat.

Oftmals wird behauptet, dass Katzen, die in einer Wohnung oder in einem Haus ohne Freigang aufwachsen die Natur und den Freigang nicht vermissen würden. Geben Sie diesen Katzen für nur fünf Sekunden die Möglichkeit durch ein geöffnetes Fenster die spannende Welt „da draußen" kennenzulernen und Sie werden diese Katze nie wieder ohne Freilauf glücklich sehen. Warum ist das so? Ganz egal, wie wir die ersten Lebensjahre verbringen, ändern wir dadurch unsere Urinstinkte und unsere Triebe nicht. Es steckt tief in unserer DNA. Wir wollen raus, wir benötigen Sonnenlicht, wir wollen rennen, laufen, toben und die Vögel am Himmel sehen. Vielleicht haben Sie einen Job im Büro und wissen daher nur allzu gut selbst, dass der ständige Aufenthalt in Gebäuden nicht der Schlüssel zum Glück und zur langfristigen Gesundheit sind.

Nun die Frage: Wieso sollte eine reine Wohnungskatze ihr Glück darin finden, die Natur nur durch ein Fenster erleben zu können? Es mag für einige Katzenhalter bequemer sein die

Katze drinnen zu halten, weil Sie ihr eben keinen Freilauf bieten können. Entsprechend gibt es im Zoofachhandel Katzengitter und Katzenschutz, damit auch die ausbruchslustigste Katze den eigenen vier Wänden nicht entkommen kann. Sicherlich können sich viele Katzen daran gewöhnen das Haus oder die Wohnung niemals zu verlassen, doch artgerecht ist diese Art der Haltung nicht. Falls Sie also in einer Wohnung oder in einem Haus leben, dass von viel befahrenen Straßen und keinerlei Natur umgeben ist, sollten Sie überlegen, ob eine Hauskatze wirklich glücklich bei Ihnen wird.

Katzen sind wilde Tiere und mittlerweile muss dieser wilde Instinkt mit unseren „Großstadtängsten“ konkurrieren: Was ist, wenn die Katze überfahren wird, nicht mehr nach Hause kommt oder verloren geht? Ein ebenfalls häufiges Argument ist, dass eine teure Rassekatze bei ihrem Freigang sicherlich geklaut wird. Egal, wie wir es drehen und wenden – Katzen bleiben wilde kleine (domestizierte) Tiere, die ihren Instinkten folgen möchten und keine Designerobjekte darstellen. Ihre Katze wird es Ihnen danken, wenn sie wenigstens eine kleine Wiese, einige Gärten oder einen nahegelegenen Park aufsuchen darf.

Aber was ist mit all den Katzen, die aus gesundheitlichen Gründen nicht (mehr) alleine hinausgehen dürfen? Es gibt drei Möglichkeiten: Entweder die Katze bleibt eine reine Wohnungskatze und muss drinnen bespaßt werden, die Katze lernt an der Leine zu gehen und kann so zusammen mit ihren Menschen die Umgebung erkunden oder Sie bauen der Katze einen „katzensicheren“ Garten mit hohen Zäunen.

Das Gewöhnen an die Leine kann mit Hilfe von Clickertraining (dazu später mehr) bewerkstelligt werden. Früher oder später wird jede Wohnungskatze die Langeweile plagen, weswegen Sie als Halter gefragt sind möglichst abwechslungsreiche und fordernde Beschäftigungsmöglichkeiten anzubieten. Inspirationen zum Clickertraining und anderen effektiven Spielen finden Sie gegen Ende dieses Buches.

## Einsamkeit oder Gemeinsamkeit

Eine ausgewachsene Katze kann gut bis zu zehn Stunden (oder auch länger) alleine bleiben. Das heißt nicht, dass sie sich in dieser Zeit nicht etwa langweilt oder ein wenig Unterhaltung wünscht! Aber innerhalb dieser zehn Stunden wird sich die Katze nicht übermäßig einsam und vernachlässigt fühlen. Die Voraussetzung dafür eine Katze zehn Stunden lang alleine lassen zu können, ist natürlich das entsprechende Training.

Eine neu eingezogene Katze jedoch von heute auf morgen zehn Stunden oder länger alleine zu lassen, kann eine enorme Belastung für das Tier sein. Sollten Sie eine Katze bei sich aufnehmen, haben Sie sich sicherlich ein paar Tage freigenommen, um den Neuankömmling eingewöhnen zu können. Das ist großartig, aber die Katze wird davon ausgehen, dass dies der Normalzustand ist: Meine Menschen sind fast immer zu Hause und wenn sie hinausgehen, dann kommen sie kurz danach mit vollgepackten Tüten wieder nach Hause. Ihr normaler Alltag sollte so katzenfreundlich sein, dass Sie sich beim Einzug einer Katze nicht „verstellen“ müssen.

Auch junge Katzen können durchaus einige Stunden alleine bleiben und können ab dem ersten Tag des Einzugs mit der stundenweisen Abwesenheit der Halter konfrontiert werden. Damit Ihre Katze diese Zeit als „Ruhezeit“ für sich nutzen kann, sollte sie natürlich gefüttert sein oder Futter bereitstehen haben, Zugang zu Wasser haben und die ein oder andere Beschäftigungsmöglichkeit haben.

Es ist nicht empfehlenswert eine Katze direkt zehn Stunden lang alleine zu lassen, aber mit vier Stunden „Einsamkeit“ sollte jede Katze klarkommen. Sofern Ihre Katze nicht die einzige Katze im Haushalt ist, sind Sie als Halter auch weniger als Partner für soziale Interaktionen gefragt, als bei einer Einzelkatze. Katzenpaare oder Rudel können problemlos bis zu zehn (oder sogar mehr!) Stunden alleine gelassen werden. Sie werden Ihre Katze(n) mit der Zeit gut kennenlernen und können somit auch einschätzen, wie lange Ihre Katze problemlos alleine bleiben kann. Katzen, die Zugang zum Freien haben, sind noch einmal weniger auf den Menschen als Partner angewiesen und können auch mehr als acht Stunden alleine bleiben.

Nun haben Sie mehr als einmal „zehn Stunden“ gelesen und dies könnte den Eindruck erweckt haben, als sei die Haltung einer Katze fast ohne Ihre Anwesenheit machbar. Dem ist nicht so! Sie sollten sich gut überlegen, ob Sie ausreichend Zeit für eine Katze haben, wenn Sie bereits jetzt planen täglich mehr als zehn Stunden oder länger am Stück außer Haus zu bleiben – bieten Sie Ihrer Katze Freigang und einen oder mehrere tierische Begleiter, sollte Ihre Abwesenheit kein Problem sein. Haben Sie allerdings vor sich eine Einzelkatze ohne Möglichkeit zum Freigang anzuschaffen, sind Sie als Halter die einzige Bezugsperson eines Tieres, dass sich tagtäglich in einem langweiligen „Gefängnis“ aufhält. Auf Dauer wird Ihre Katze mit dieser Situation nicht glücklich sein! Normalerweise freuen sich Katzenhalter jedoch so sehr auf ihre Vierbeiner, dass die Zeit außer Haus gerne kurzgehalten wird.

## Palast oder Großstadtwohnung?

Ihre Katze wird sich natürlich weigern über die Schwelle Ihrer Haustüre zu schreiten, wenn Sie nicht mindestens eine Großstadtvilla bewohnen, in der zwei extra für die Katze eingerichtete Katzenzimmer sind. Die Realität sieht glücklicherweise anders aus. Auch in einer 45 Quadratmeter großen Wohnung kann sich eine Katze durchaus wohlfühlen, sofern denn für ausreichend Beschäftigung gesorgt oder Freigang möglich ist. De facto sagt die tatsächliche Wohnungsgröße nichts über die Wohnqualität für die Katze aus! Wichtig ist, dass die Katze innerhalb der Wohnung oder des Hauses mindestens eine (besser mehrere) Versteckmöglichkeit und Platz zum Toben hat. Entscheidend ist also, wie raffiniert der Wohnraum für die Katze aufgeteilt ist.

Wichtig dabei sind ein fester Platz für die Nahrungsaufnahme, eine abseits gelegene Katzentoilette, mindestens ein Fenster und ein Ruheort – ganz so, wie wir es uns von unserem Zuhause auch wünschen würden. Je mehr Katzen in einem Haushalt leben, desto wichtiger ist es ausreichend Ruhezonen und Versteckmöglichkeiten anzubieten. Auch in einer kleinen Wohnung lässt sich dies bewerkstelligen und wenn Sie als Halter zusätzlich für ausreichend Anreize für die mentale und körperliche Beschäftigung der Katze sorgen, ist ihre Katze rundum zufrieden.

Besonders für ältere Katzen ist es wichtig, dass es in der Wohnung mindestens einen gut geheizten Ort im Winter gibt. Mit steigendem Alter benötigen Katzen mehr Wärme von außen, um ihre Körpertemperatur – die mit 38-39 °C höher ist, als die von uns Menschen – aufrechtzuerhalten. Des Weiteren ist es wichtig, dass die Katze innerhalb der Wohnung oder des Hauses keinerlei Gefahren ausgesetzt ist:

- Alle Schränke, Regale und Ähnliches sollten „kletterfest" sein und nicht etwa umkippen und die Katze unter sich begraben.
- Fenster sollten niemals unbeaufsichtigt gekippt sein, da die Katze darin eingeklemmt werden könnte.
- Kabel sollten besonders bei jungen, neugierigen Katzen unter Kabelschutz versteckt werden, damit die Katze beim Knabbern an den Kabeln (die für Katzen einen interessanten Geruch verströmen) keinen Stromschlag bekommt.
- Fenster und Türen sollten möglichst so gesichert werden, dass sie bei Durchzug nicht zufallen können.
- Putzutensilien, Chemikalien und Ähnliches sollten verschlossen aufbewahrt werden. Junge Katzen machen bei ihrem Entdeckerdrang vor nichts Halt!
- Es sollten möglichst keine für die Katze giftigen Pflanzen vorhanden sein. Efeu, Buchsbaum, Aloe Vera, Chrysanthemen, Geranien, Jasmin, Lilien sind einige davon und die Liste der für Katzen giftigen Pflanzen ist lang. Im Normalfall weiß Ihre Katze ganz gut, was für sie bekömmlich ist und was nicht. Dennoch gehen manche Katzenhalter auch hier lieber kein Risiko ein.

Im Einzelfall sollten Sie sich also vor dem Pflanzenkauf erkundigen, ob diese für Ihre Katze giftig sein könnte. Im Folgenden finden Sie jedoch noch eine ausführliche Liste mit für Katzen giftigen Pflanzenarten.

- Wollknäueln, Seile, Fäden und Co sind zwar ein beliebtes Katzenspielzeug, dennoch sollte die Katze nicht mit diesen alleine gelassen werden, da immer das Risiko besteht, dass die Katze sich selbst mit diesem Spielzeug stranguliert.
- Waschmaschinen und Trockner sind mitunter ein beliebter Ruheplatz unter Katzen. Also vor der Inbetriebnahme dieser Geräte einen Blick ins Innere werfen!
- Plastiktüten, Netze und ähnliche Gegenstände sind zwar für Katzen interessant, eignen sich aber nicht als Spielzeug ohne Beaufsichtigung.
- Auch Heizungen können gefährlich werden und sollten deshalb nicht zu heiß aufgedreht werden und eventuell zusätzlich gesichert werden.
- Katzen klettern gerne, und das auch auf Treppengeländern. Deshalb sollten Sie diese gegebenenfalls ausreichend mit z.B. Netzen absichern, damit die Katze nicht tief fallen kann.
- Auch wenn eine dekorierte Wohnung deutlich schöner ist, sollten Sie vor allem bei Dekorationen aus Glas aufpassen, dass diese nicht zerbrechen und Ihre Katze in die Scherben tritt.
- Auch Toilettendeckel sollten stets geschlossen werden, da vor allem bei kleinen Katzen die Gefahr besteht hinein zu fallen.

Diese Liste lässt sich natürlich noch endlos weiterführen, aber Sie wissen vermutlich jetzt, welche möglichen Gefahren Sie in Ihrem Haushalt beseitigen sollten. Katzen sind durchaus kleine, kluge Wesen, die sehr gut auf sich selbst aufpassen können und somit sollten die üblichen im Haushalt „lauernden" Gefahren kein Problem darstellen. Inwieweit Sie diese Gefahren beseitigen oder auf das intuitive Wissen Ihrer Katze vertrauen möchten, entscheiden Sie natürlich!

Ein äußerst praktisches Gadget für die Katzensicherheit ist der Kippschutz, den ich Ihnen besonders ans Herz legen möchte. Der Kippschutz besteht aus feinen Gittern, die am Fensterrahmen befestigt werden, damit die Katze beim Ausprobieren nicht in die Spalte des gekippten Fensters rutscht. Durch das Gitter kommt natürlich frische Luft in die Wohnung, aber eben die Katze nicht in eine gefährliche Situation. Beim Klettern am gekippten Fenster kann die Katze schnell in den Spalt des geöffneten Fensters rutschen und mit großer Wahrscheinlichkeit kann sie sich aus dieser Falle nicht selbst befreien. Nicht nur, dass die Katze dabei Knochenbrüche und innere Verletzungen erleiden kann, im schlimmsten Fall verendet die Katze in ihrer Falle elendig, falls ihr das Atmen durch die Quetschung schwerfällt und sie niemand rechtzeitig findet. Ich selbst habe schon Katzen gesehen, die gekippte Fenster problemlos als Ein- und Ausgang verwendet haben, ohne dabei in eine missliche Lage zu geraten. ABER, gekippte Fenster sorgen in deutschen Haushalten für einen Großteil der Verletzungen und Todesfällen bei Katzen. Es ist also bestimmt eine gute Idee Fenster mit einem Kippschutz zu versehen oder die Fenster eben ganz zu öffnen. Die meisten Katzen möchten ohnehin nicht aus dem dritten Stock springen, sondern nur auf dem Fensterbrett ihre Umgebung beobachten. Wenn Sie sich trauen, können Sie Ihre Katze beim Umgang mit geöffneten Fenstern beobachten und dann entscheiden, wie Sie diese Situation für Ihre Katze möglichst sicher gestalten können. Falls die Katze eine Zeit lang alleine in der Wohnung verbringen sollte, dann sind Kippschutz und Ähnliches eine gute Idee, schließlich ist niemand sofort zur Stelle, um sie im Zweifelsfall zu befreien.

## Pflanzen, die zu meiden sind

Hinsichtlich der für die Katzen giftigen Pflanzen, ist es immer gut eine ausführliche Liste zur Hand zu haben:

**A**: Adonisröschen, Agave, Akelei, Aloe Vera, Alpenveilchen, Amaryllis, Avocado und Azaleen

**B**: Begonie (Schiefblatt), Belladonnalilie, Berberitze, Besenginster, Birkenfeige (Ficus benjamini), Bittermandel, Buchsbaum, Buntwurz und Buschwindröschen

**C**: Calla, Chilipflanze, Christusdorn, Chrysanthemen und Clematis

**D**: Dattelpalme, Dieffenbachie und Drachenbaum

**E**: Edelweiß, Efeu, Eibe, Einblatt, Eisenhut und Engelstrompete

**F**: Farne, Faulbaum, Feldstiefmütterchen, Fensterblatt, Fingerhut, Flamingoblume, Flammendes Käthchen, Flieder und Frauenschuh

**G**: Geißblatt, Geranien, Ginster, Glockenbilsenkraut, Goldlack, Goldregen und Gummibaum

**H**: Hahnenfuß, Hartriegel, Heckenkirsche (rot), Hortensien, Hundepetersilie und Hyazinthen

**J**: Jasmin

**K**: Kaiserkrone, Kaladie, Kartoffelpflanze, Kirschlorbeer, Knoblauch, Korallenbeere, Kreuzkraut, Krokus und Kroton (Wunderstrauch)

**L**: Lebensbaum (Thuja), Lein, Liguster, Lilien und Liliengewächse, Lorbeeren und Lupinen

**M**: Magnolie, Mahonie, Maiglöckchen, Märzbecher, Mistel, Mohn und Schlafmohn

**N**: Nachtschatten und Nachtschattengewächse, Narzissen, Nelken und Nießwurz

**O**: Oleander und Orchideen

**P**: Palmfarn, Papierblume (Zimmercalla), Philodendron, Primel und Purpurtute

**R**: Rainfarn, Riemenblatt, Rhododendron, Rittersporn, Ritterstern, Rizinus (Wunderbaum), Robinie und Ruhmeskrone

**S**: Sadebaum, Schachtelhalm, Schlüsselblume, Schneeball, Schneeglöckchen, Seidelbast, Stechapfel, Stechpalme (Ilex), Spindelbaum, Strahlenaralie (Schefflera) und Sumpfdotterblume

**T**: Tabakpflanzen, Tollkirsche, Tollkraut, Trollblume (Butterblume) und Tulpe

**U**: Usambaraveilchen

**V**: Vanilleblume

**W**: Waldmeister, Wandelröschen, Weihnachtsstern, Wicken, Wolfsmilch und Wolfsmilchgewächse und Wüstenrose

**Y**: Yucca-Palme

**Z**: Zaunrübe, Zimmeraralie, Zwiebeln und Zwiebelgewächse und Zypresse

Quelle: Glücknasen e.V.

**Und noch ein Tipp:** Falls Sie Ihrer Hauskatze eine katzenfreundliche Pflanze zugänglich machen möchten, dann setzen Sie auf Katzengras. Das Katzengras hilft den Katzen ganz allgemein dabei ihren Verdauungstrakt haarfrei zu halten. Besonders zu Zeiten des Fellwechsels verlieren Katzen mehr Haare, als sie es sowieso schon tun. Diese Haare werden dann bei der täglichen Fellpflege mal mehr mal weniger aufgenommen und liegen dann irgendwann schwer im Magen. Die Katze würgt diese Haarballen in der Regel hoch und spuckt sie mit ein wenig Magensaft oder halb verdautem Futter aus. Das ist ganz natürlich und lässt sich durch den Verzehr von Katzengras noch vereinfachen. Es ist überaus wichtig, dass die Katze sich von den Haarballen im Verdauungstrakt befreien kann, da diese sonst eine Ursache für Darmverschluss sein können. Gerade der Katze, die keinen Freigang hat, Katzengras anzubieten, ist also hilfreich. Das Katzengras unterstützt die Ausscheidung der Haarballen im Rückwärtsgang.

Empfehlenswert sind Weizenkeimgras/Roggenkeimgras/Gerstenkeimgras (eher weich) oder Zwerg-Zyperngras (eher knusprig). Aber auch die Grünlilie und das kriechende Schönpolster sind gute Knabbereien, die dazu noch schön aussehen. Voraussetzung ist natürlich immer, dass die Pflanzen unbehandelt sind!

# Kapitel 4: Die Katzensprache – den Tiger verstehen lernen

Für ein angenehmes Zusammenleben ist es wichtig, dass man versteht, was das Gegenüber einem mitteilen möchte. Wenn das Gegenüber allerdings eine Katze ist, müssen wir von unserem gängigen Kommunikationsmittel - der Sprache - abweichen und lernen, unseren Stubentiger durch dessen Gesten, Körperhaltung und auch durch sein Miauen zu verstehen. Auch wenn nicht alle Katzen gleich sind und sich daher auch ihre Art zu kommunizieren etwas unterscheidet, gibt es grundlegende Muster, die sich in allen Tieren wiederfinden. Diese Verhaltensweisen basieren auf Instinkten und Herrchen oder Frauchen können sie zur Kommunikation nutzen.

Und genau um diese generellen Verhaltens- und Ausdrucksweisen geht es in diesem Kapitel. Dies ist eine ideale Grundlage, um die Feinheiten der Kommunikation Ihres Stubentigers herauszufinden und besser deuten zu können. Katzen haben in der Regel eine sehr ausdrucksstarke

Körpersprache, bei der sie ihre Augen, ihre Ohren, ihren Schwanz und ihre Haltung für uns Menschen besonders gut erkennbar einsetzen. Aber auch über die verbale Kommunikation „Miau? Miau!“, dem Fell und den Bewegungen Ihrer Katze lassen sich viele Hinweise auf den Gemütszustand finden.

Die verbale und nonverbale Kommunikation ist bei Katzen unterschiedlich stark ausgeprägt. Ich hatte das Glück 15 Jahre von einer teilweise gelähmten Katze begleitet zu werden, deren nonverbale Kommunikation durch ihren veränderten Körperbau stark eingeschränkt war und die sich deshalb ein sehr ausdifferenziertes Repertoire an verbalen Lauten angeeignet hatte, um mit mir besser kommunizieren zu können. Auch Siamkatzen beispielsweise sind in den meisten Fällen gute „Erzähler“ und machen sich über verbale Kommunikation verständlich.

Wie sieht es bei Ihrer Katze aus? Welche Art der Kommunikation nutzt Ihre Katze mit Ihnen sehr deutlich? Schnurren, leises Miauen, lautes Miauen, sehr hohes Miauen, Knurren und Fauchen – diese Kommunikationsmittel kennen Sie wahrscheinlich bereits!

## Der Schwanz Ihrer Katze – ein schon von Weitem sichtbares Signal

Wenn ich nach Hause komme, bleibe ich vor der Haustüre stehen und rufe meine Katze, damit sie von einem abenteuerreichen Tag nach Hause zurückkommt. Dann sehe ich, wie sich ein leicht zu dicker Katzenkörper trippelnd durch hohes Gras bewegt und eines sehe ich ganz deutlich: Dass meine Katze ihren Schwanz zu einem leichten Fragezeichen krümmt, denn sie freut sich, mich (oder ihr Abendessen) zu sehen.

Kommt nun zufällig der kleine Nachbarshund zur Begrüßung an mir vorbei gesaust, ist der Schwanz meiner Katze ganz schnell stocksteif und buschig - sie mag den kleinen Kläffer gar nicht. Beim großen Nachbarshund zieht meine Katze ihren Schwanz auch ganz gerne zwischen ihren Beinen zu ihrem Bauch hinunter, vor diesem Monstrum von Hund nimmt sie sich in Acht. An der Haltung des Katzenschwanzes können wir also schon einiges über den Gemütszustand unserer Katze erfahren.

Ein locker aufgerichteter oder leicht zum Fragezeichen gekrümmter, nach oben gerichteter Schwanz bedeutet, dass ihre Katze entspannt und glücklich ist. Wedelt Ihre Katze mit dem Schwanz leicht hin und her, bedeutet dies, dass sie etwas beobachtet, interessiert ist und die Situation analysiert.

Verwandelt sich dieser eben noch so entspannte Schwanz zu einem stocksteifen, aufgerichteten Schwanz, womöglich noch begleitet von aufgerichtetem Fell, dann ist Vorsicht angesagt. So ein flauschig aufgestellter Schwanz lädt zwar auf den ersten Blick zum Durchfahren ein, aber die Katze signalisiert damit, dass sie Angst hat und versucht ihre Angst gleichzeitig hinter einem groß aufgerichteten Fell zu verstecken. Ihre Katze hat ebenso wie meine Angst vor dem Nachbarshund? Dann werden Sie sie bei einer Begegnung mit dem Nachbarshund mit einem unter den Bauch geklemmten Schwanz beobachten oder sogar geduckt schleichend davontrippeln sehen können! Eine aufgeregte Katze zuckt oder wedelt mit dem Schwanz – dies bedeutet in aller Regel, dass der Jagdmodus der Katze aktiviert worden ist oder aber auch bei sehr schnellem Wedeln, dass der Stubentiger stinksauer ist. Auch ein „Katzenbuckel" deutet darauf hin, dass Ihre Katze wohl nicht in der besten Laune ist und erstmal ihre Ruhe benötigt.

## Die Ohren verraten, was unter den Lauscherchen gedacht wird

Katzen haben ein sehr offensichtliches „Ohrenspiel" und wir Menschen können an ihrer Ohrstellung mit großer Sicherheit ablesen, was unter den Ohren im Gehirn so vor sich geht. Sind die Ohren nach vorne gerichtet, ist die Katze entspannt und gelassen. Katzen können ihre Ohren sehr genau ausrichten, dementsprechend zeigen die Ohren von Katzen meist in die Richtung, aus der interessante Geräusche zu hören sind. Nach hinten angelegte Ohren sind ein untrügerisches Zeichen für „Achtung, ich habe meine kleine Katzenschnauze wirklich voll jetzt!" – Also lieber die Finger von der Katze lassen, denn die werden im schlimmsten Fall von der Katze als Angriffsfläche genutzt. Seitlich angelegte Ohren hingegen zeigen, dass die Katze momentan Angst hat.

## Die Zeichen einer zufriedenen Katze

Oftmals wird gesagt, dass das Anschmiegen an Tischbeine, Stühle, Bett, Kartons und sogar an die Beine von Frauchen und Herrchen ein Zeichen von Zufriedenheit ist. Das mag durchaus sein, aber da gibt es noch eine weitere Komponente: Dies ist ein Zeichen von Territorialverhalten. „Das ist meins, das auch und das, hier das auch und du auch!“, so in etwa könnte es sein, wenn die Katze ihr Revier markiert. Ich hoffe sehr für Sie, dass Ihre Katze Sie so oft es nur geht anblinzelt. Dieser süße Blick bedeutet nämlich ganz sicher, dass Ihre Katze Sie sehr mag und Ihnen vertraut. Dieses Blinzeln wird auch „das Lächeln der Katze“ genannt! Manche Katzen reagieren sogar darauf, wenn ihr Frauchen oder Herrchen sie zurück anblinzelt. Probieren Sie es aus!

Ein Zeichen, dass auch mit sehr hoher Sicherheit auf absolute Zufriedenheit schließen lässt, ist der Milchtritt. Den bekommen Sie zu spüren, sobald sich Ihre Katze einen besonders bequemen Platz auf Ihnen oder dicht neben Ihnen eingerichtet hat. Dann fährt sie ihre kleinen, scharfen Krallen aus ihren flauschigen Pfötchen und beginnt Sie mehr oder weniger sanft zu kneten. Dies ist für uns Menschen eher schmerzhaft, falls wir gerade keinen sehr dicken Pullover anhaben. Für die Katze ist es aber ein Zeichen von absolutem Glück, da dieser Milchtritt eigentlich der Katzenmama gilt, die dadurch zum Stillen angeregt wird.

Hat Ihnen Ihr flauschiger Mitbewohner schon einmal eine fein säuberlich erlegte Maus als Geschenk von ihrem Freigang mitgebracht? Wissenschaftler sind sich immer noch nicht einig, ob diese meist toten Mitbringsel Geschenke für die Liebsten oder Anleitung zum Jagen für die Liebsten sein sollen. So oder so zeugt es von einer guten Beziehung zwischen Ihrer Katze und Ihnen!

## Wie kommunizieren Sie mit Ihrer Katze?

Beobachten Sie sich doch einmal die nächsten Tage und betrachten Ihre Kommunikation mit Ihrem geliebten Stubentiger ganz kritisch. Hat der kleine Flauschknäuel nun zum zehnten Mal versucht mit dem Samtpfötchen an den Fisch auf dem Küchentisch zu tapsen und Sie haben lieb „Nein“ gesagt und ihm dabei verständnisvoll übers knuffige Köpfchen gestreichelt? So senden sie zweideutige Signale und Ihre Katze wird sich immer das Signal zur Wahrnehmung aussuchen, was sie sowieso gerne als Reaktion gehabt hätte. Wenn Sie „Nein!“ meinen, dann sagen Sie „Nein!“, „Na!“ oder „Kscht!“. Ihre unmissverständliche Botschaft wird bei Ihrer Katze zwar nicht immer auf Gehör stoßen, jedoch vereinfachen klare Botschaften die Kommunikation zwischen Ihnen und Ihrer Katze erheblich. So wird die Beziehung klarer, Sie stecken Ihre Grenzen deutlich ab (so wie es Ihre Katze vermutlich auch macht) und der Grundstein für die tiefergehende Erziehung ist gelegt.Jetzt kennen Sie die Basics der verbalen und nonverbalen Katzenkommunikation. Das ist die perfekte Basis für ein vertrauensvolles Miteinander, eine stabile Bindung und eine optimale Basis für die Katzenerziehung, auf die ich an einer anderen Stelle dieses Buches noch genau eingehen werde. Dabei werden Sie erfahren, wie Sie Ihrer Katze begreiflich machen können, was Sie von ihr erwarten und wie Sie ihr Verhalten während des Trainings richtig deuten können.

# Kapitel 5: Welches Equipment benötigen Sie für Ihre Katze?

Falls es nun für Sie feststeht, dass Sie gerne eine Katze in Ihre Familie aufnehmen möchten, dann ist es nun an der Zeit sich über das notwendige Equipment Gedanken zu machen. Eines möchte ich vorab betonen: Die Katze hat in der Natur rein gar kein Equipment dabei und vermutlich haben Sie in der freien Wildbahn noch keine Katze ihre Maus aus einem Futternapf essen sehen.

Es geht also weniger darum, was die Katze an Equipment benötigt, sondern was wir Menschen als Halter denken, was die Katze benötigt. Die Katze würde ihr Futter auch direkt vom Küchenboden essen – gefallen würde es Ihnen als Halter bestimmt eher weniger, oder? Genau, es geht darum, welches Equipment Ihnen das Zusammenleben mit Ihrer Katze erleichtert.

Es gibt durchaus Katzen, die sich auf dem Arm zum Tierarzt tragen lassen – dies ist natürlich eher die Ausnahme, weshalb ein wasserdichter Transportkorb oder eine wasserdichte Transporttasche durchaus praktisch sein können. Auch wenn Shopping für das Haustier mindestens so viel Spaß macht wie das Shopping für sich selbst, gilt auch hier, dass weniger mehr ist. Dank Werbung und ausufernden Angeboten wird uns suggeriert, dass unsere Katzen Unmengen Equipment für ihr Lebensglück benötigen, dabei kommt eine Katze auch ganz ohne Equipment zurecht. Sehen wir uns also an, was wir Menschen als Halter an Equipment für die Katze benötigen könnten!

## Das richtige Equipment für die Nahrungsaufnahme/-zubereitung

Ganz egal, wie Sie Ihre Katze ernähren: Ihre Katze benötigt mindestens einen Wassernapf und einen Futternapf/-teller. Manche Katzen bevorzugen es von einem Teller zu essen (ganz nebenbei landet dabei auch weniger Futter auf dem Boden), da sie dabei ihren Kopf nicht in eine enge Futterschüssel stecken müssen. Der Napf sollte auf einer rutschfesten Unterlage stehen und möglichst breit und flach sein. Grundsätzlich eignen sich aus Hygienegründen Keramik-, Glas-, Edelstahl- und Porzellannäpfe besser, als Plastiknäpfe.

Das Problem mit den Futternäpfen aus Plastik ist, dass sie leicht zerkratzen und auch schon feinste Kratzer können dazu führen, dass Gerüche und Aromen im Plastik verbleiben. Das mag unserer unsensiblen Menschennase zunächst nicht auffallen, aber unseren tierischen Begleitern fällt dies sofort auf. Katzen sind reinliche Tiere und würden in der Natur keinesfalls von verunreinigten Stellen essen. Manchmal bleibt ihnen beim Zusammenleben mit Menschen nichts anderes übrig, wenn keine Alternative besteht. Der strenge Geruch der Plastikschüsseln veranlasst viele Katzen dazu, ihr Futter aus dem Napf zu nehmen und neben dem Napf zu verzehren. Für die Katzen ist es ganz klar: Selbst kleinste Futterreste können potenziell Keime enthalten und davor möchte sich die Katze intuitiv schützen. Es ist also ratsam (und optisch auch vertretbarer), wenn Keramik-, Glas-, Edelstahl- oder Porzellannäpfe verwendet werden. Diese lassen sich leicht waschen, punkten zumeist mit einer ansprechenden Optik und nehmen Gerüche nicht so intensiv an, wie es bei Plastiknäpfen der Fall ist. Bei Edelstahlnäpfen sind sich Katzen nicht immer einig: Den einen macht der metallische Geruch nichts aus, die anderen Katzen stört der metallische Geruch sehr. Auch kommt es häufig vor, dass die Edelstahlnäpfe keine anti-rutsch Gummiringe haben und für die Katze störende Geräusche auf dem Boden verursachen, wenn sie beim Fressen gegen den Napf stößt. Mit Glas- und Keramiknäpfen machen Sie nichts falsch.

Wie lange Schnurrbarthaare hat Ihre Katze? Die Katze sollte die Möglichkeit haben zu fressen, ohne dabei ständig mit den Schnurrbarthaaren an den Futternapf zu stoßen. Das heißt, dass der Futternapf einen möglichst niedrigen Rand und einen möglichst großen Durchmesser haben sollte. Die Tasthaare unserer tierischen Begleiter sind sehr empfindlich und somit vermeiden Katzen in der Natur penetrante Berührungen an den Schnurrbarthaaren. Falls Ihre Katze tatsächlich sehr ausladende Schnurrbarthaare hat, dann ist ein Teller die ideale Alternative zu einem Futternapf. Und das gilt auch für Wasser! Katzen trinken in der Regel nicht sehr viel, aber wenn sie trinken, dann bitte schnurrbartfreundlich. Besonders verlockend sind für Katzen bis zum Rand gefüllte Tassen, die nicht in unmittelbarer Nähe zum Futterplatz und der Toilette stehen. Der Grund dafür ist, dass Wasserstellen in der Natur möglichst rein sein sollten und durch die Nähe von Futterplatz/Toilette und Wasserstelle, könnte es möglicherweise zu einer Verunreinigung des Wassers mit Fäkalien, Blut oder Ähnlichem kommen. Diesen Instinkt legt die Katze natürlich in der Wohnung nicht ab, sondern ist überaus glücklich darüber, wenn Sie Wasserstelle, Toilette und Futterstelle separieren.

In einem Mehrkatzen-Haushalt bietet es sich an, einen Futternapf und eine Wasserquelle pro Katze bereitzustellen. Der Grund dafür ist, dass Katzen durchaus untereinander rivalisieren und kleinere Machtkämpfe ausüben. Leider ist in einer Wohnung meist nicht so viel Platz, dass die Katze ihr Revier verlagern könnte und wird dann täglich von einer ranghöheren Katze beim Essen gestört. Diese subtilen Machtkämpfe sind für uns Menschen schwer erkennbar. Manchmal reicht schon ein penetrantes Anstarren der einen Katze, um die andere Katze in Stress zu versetzen. Sollte dies bei Ihren Katzen der Fall sein, können Sie die Katzen in verschiedenen Räumen füttern und durch diese räumliche Trennung mehr Entspannung in die Fütterungszeit bringen.

Probieren Sie jedoch gerne aus, was Ihrer Katze besser gefällt. Aus Gründen der Hygiene können Sie beispielsweise ein abwaschbares Tischset oder Ähnliches unter den Futternapf/-teller stellen, damit eventuelle Schlabbereien im Nu entfernt werden können. Es wird immer wieder gesagt, dass der Wassernapf mindestens zwei Meter von dem Futternapf entfernt stehen sollte, da die Katze in der freien Natur auch nicht unmittelbar neben der Wasserquelle fressen würde, weil sie diese nicht mit ihrer „Beute“ mischen will. Sollten Sie diesen Abstand in Ihren Räumlichkeiten so nicht anbieten können, wird Ihre Katze Ihnen dies verzeihen. Es gibt viele Katzen, die sich ganz problemlos an die Nähe von Wassernapf und Futternapf gewöhnt haben!

Im Zoofachhandel, Drogeriemarkt oder Supermarkt werden Sie mehr als einmal auf „Katzengras“ stoßen und sich fragen „Benötigt meine Katze das wirklich?“ Nein, das tut sie nicht, falls Sie Zugang zu frischem Gras draußen hat. Das Gras ist nicht etwa als Dekoration für die Katze gedacht, sondern vielmehr eine Hilfe zur verbesserten Verdauung. Dazu muss aber nicht zwingend Katzengras angeschafft werden, sondern auch frische Kräuter im Essen gefallen einigen Katzen gut.

## Möbel: Für die Katz´?

Mittlerweile gibt es eine Vielzahl von Katzenmöbeln, mit denen wir theoretisch jeden Quadratmeter unseres Heims zustellen könnten. Falls Sie vorhaben Ihrer Katze zu erlauben Sofa, Bett, Stühle, Schränke, Kommoden und Ähnliches „mitzubenutzen“, wird Ihre Katze kaum extra Möbel benötigen. Mit einem Kratzbaum machen Sie jedoch für gewöhnlich nichts falsch. Sie bieten Ihrer Katze einen Rückzugsort und optimale Kratzmöglichkeiten. Auch an Kratzbrettern, kann sich Ihr

Vierbeiner austoben. Falls Sie sich natürlich schon darauf freuen mehr als die nötigen Katzenmöbel auszusuchen, dann freut sich Ihre Katze bestimmt auch über ein paar Extra-Möbel. Bedenken Sie aber, dass Katzen nicht unbedingt zwischen „Menschen- und Katzenmöbeln" unterscheiden und im Zweifelsfall zusammen mit ihren Menschen auf dem Sofa faulenzen möchte! Natürlich ist es löblich, wenn Sie Ihrem Liebling eine Kuschelhöhle oder Schlafhöhle anbieten, aber die meisten Katzen suchen sich ihren Schlafplatz doch lieber selbst aus. Fällt die Wahl zufällig auf die von Ihnen bereitgestellte Kuschelhöhle, haben Sie Glück!

Besonders junge Kätzchen ohne Freigang haben großen Gefallen an allen Arten von Möbeln, ganz egal, ob es nun ein Katzenkratzbaum oder ein Hundekörbchen ist. Alles, was sie entdecken, bestaunen und bespielen können, passt ihnen wunderbar ins Konzept. Falls Sie sich also dazu entscheiden junge Kätzchen aufzunehmen, dann kann die Anschaffung eines Katzenkratzbaumes, Kratzgelegenheiten oder Ähnlichem lohnend sein, um die Kleinen zu unterhalten und bei Laune zu halten!

Ein Kratzbaum hält viele Katzen davon ab, ihre Krallen an Tapete oder Möbelstücken zu wetzen. Und auch wenn Ihre Katze Zugang zu Abenteuern im Freien hat, wird sie doch das ein oder andere Mal ihre Krallen in die Seite des Sofas schlagen oder an der Tapete herunterziehen. Wieso? Weil Katzen durch das Kratzen ihr Revier markieren. Manche Katzen sind, was die Reviermarkierung angeht, fleißiger als andere und dementsprechend würde ich Ihnen raten einen kleinen Katzenkratzbaum zur Verfügung zu stellen, um mögliches

Möbelkratzen von vornherein uninteressant zu machen – falls denn überhaupt notwendig.

## Das passende Equipment für die Pflege

Es gibt durchaus Katzen, die ohne jegliche Pflege durch ihre Menschen wunderbar gepflegt sind. Je nach Felllänge bietet es sich aber an mit einer Tierhaarbürste, einem Noppenhandschuh oder einem Metallkamm das Fell zu pflegen. Besonders die Suche nach Ungeziefer (Flöhe, Milben, Zecken, ...) klappt mit einer Bürste oder einem Kamm wesentlich besser. Sollte Ihre Katze besonders lange Haare haben oder ein gewisses Alter erreicht haben, in dem sie sich nicht mehr ganz so ausgiebig um die Pflege ihres Fells kümmern kann, können sich kleine Knoten und Verfilzungen im Fell der Katze bilden, die es mit einer Friseurschere oder einem Trennmesser zu entfernen gilt. Sie können es sich schon denken: Nicht jede Katze mag es gekämmt oder gebürstet zu werden. Natürlich können Sie in diesem Fall Ihre Katze mit ein wenig Geduld und Training an die Fellpflege gewöhnen, aber vermutlich wird sie nie eine der Katzen werden, die beim Kämmen in vollem Genuss auch den Bauch zur Pflege freigibt.

Die Katze baden oder duschen sollten Sie nur im äußersten Notfall, denn die allermeisten Katzen hassen dies und werden sich mit aller Kraft dagegen wehren – was durchaus zu Ihrem Nachteil ausgehen kann. Sollte es medizinisch oder aus hygienischen Gründen notwendig sein, führt natürlich kein Weg an einem Bad vorbei. Somit können Sie aber zunächst auf „Haustier Shampoo“ und ähnliche Angebote in Ihrem Zoofachhandel einen großen Bogen machen. Katzen sind unglaublich reinliche Tiere und widmen sich mehrmals täglich hingebungsvoll ihrer Körperpflege. Sie werden also wahrscheinlich keinen Anlass haben mit einem Bad nachzuhelfen, denn Katzen riechen nicht unangenehm und reinigen sich bei Bedarf selbst sehr effektiv.

Beim Thema „Krallenschneiden“ kommt es immer wieder zu Diskussionen. Bei einer gesunden Katze, die ausreichend Möglichkeiten hat ihre Krallen zu wetzen und zu toben, gibt es für Sie als Halter keine Notwendigkeit die Krallen zu schneiden. Vielleicht möchten Sie, dass Ihre Katze ihre Krallen nicht mehr am teuren Holzschrank wetzt oder beim Kuscheln piekst es immer wieder aufgrund der Krallen – ja, Ihre Katze ist ein Tier mit Krallen. Sie ist zwar ein domestiziertes Tier, dennoch gehören die Krallen zu einer Katze dazu und sind notwendig, damit sie sich beim Freigang gegen andere Tiere zur Wehr setzen und klettern kann. Bei kranken oder älteren Katzen kann es vorkommen, dass sie die Krallen nicht mehr eigenständig durch Bewegung kürzen können und somit sind sie als Halter in diesem Moment zur Nagelpflege aufgerufen. Dies klappt mit einer entsprechenden Krallenschere wunderbar, vorausgesetzt Ihre Katze lässt diese Prozedur über sich ergehen. Grundsätzlich sollten Sie dennoch eher vorsichtig beim Krallenschneiden vorgehen, um die Katze nicht zu verletzen. Bei besonders wilden Exemplaren bietet es sich an, das Krallenschneiden durch bestimmtes Training (Clickertraining) gemeinsam zu erarbeiten oder eben vom Tierarzt durchführen zu lassen. Die schonende Gewöhnung ist für Mensch und Tier jedoch der stressfreiere Weg!

## Benötigt Ihre Katze Spielzeug?

Nein, Ihre Katze benötigt kein extra Katzenspielzeug, weil sie auch an einem gewöhnlichen Tischtennisball, einer Feder, einem Tannenzapfen oder Ähnlichem ihren Spieltrieb ausleben kann. Eine faul herumliegende Socke kann so manche Katze intensiver beschäftigen, als ein extra Katzenspielzeug. Junge Katzen haben einen enorm starken Spieltrieb, den sie ausleben sollten. Falls Sie Ihre eigenen Sachen nicht als Spielzeug hergeben möchten, sollten Sie Ihren Katzen artgerechte Alternativen bieten. Dies muss aber nicht immer das starre Plastikspielzeug aus dem Zoofachhandel sein, sondern kann auch durchaus ein leerer Umzugskarton mit Heu, ein wenig Laub oder Ähnlichem sein. Hier dürfen Sie durchaus kreativ werden, um herauszufinden, womit sich Ihre Katze gerne beschäftigt. Denken Sie daran, dass je älter Ihre Katze ist oder wird, desto geringer ist ihr Spieltrieb! Und falls Sie doch in Shoppinglaune kommen, dann freut sich Ihre Katze sicherlich über ein Spielkissen mit Katzenminze, kleine Katzenbälle oder Ähnliches.

## Die Katzentoilette!

Nun denken Sie vielleicht „Eine Katzentoilette benötigt doch jede Katze!“ Nein, nicht jede Katze benötigt eine Katzentoilette. Besonders Freigänger erledigen ihre kleinen und großen Geschäfte gerne draußen. Falls es doch mal in Strömen regnet, wird eben eine Katzentoilette benutzt – falls die Katze eine solche Vorrichtung kennt. Solange Ihre Katze durchgängig Zugang zum Freien hat, ist eine Katzentoilette keine zwingende Anschaffung, kann Ihrer Katze aber durchaus kalte oder nasse Toilettengänge draußen ersparen. Sollte Ihre

Katze keinen Zugang zum Freien haben, sollte sie natürlich zwingend eine (besser zwei) Katzentoiletten zur Verfügung haben. Nicht jede Katze möchte ihr kleines Geschäft in der gleichen Katzentoilette verrichten, wie ihr großes Geschäft – auch wenn solch „pingeligen" Katzen eher selten vorkommen, denn die allermeisten Katzen sind sehr anpassungsfähig und verrichten ihr Geschäft eben dort, wo es möglich ist.

Anders sieht es aus, wenn Sie mehr als eine Katze bei sich aufnehmen möchten, denn es gibt durchaus Katzen, die sich keine Toilette mit ihren Mitbewohnern teilen möchten, weshalb immer eine Katzentoilette zusätzlich verfügbar sein sollte. Aber auch hier gilt: Dies muss nicht auf Ihre Katzen zutreffen. Es gibt durchaus Katzenpaare, die ein und dieselbe Toilette benutzen und das ganz ohne Probleme. Sollten Ihre Räumlichkeiten also keinen Platz für drei oder mehr Katzentoiletten bieten, dann ist dies kein Hinderungsgrund für die Anschaffung einer oder zwei Katzen. Dennoch sollte darauf geachtet werden, dass die Katzentoilette an einem möglichst ruhigen Ort steht, um Störungen bei Ihren Geschäften zu vermeiden.

Wie sollte die Katzentoilette beschaffen sein? Auch hierzu kann man, wenn man möchte, hundert verschiedene Meinungen hören. Wir als Menschen entscheiden gerne für unsere Katzen und wenn diese eine Katzentoilette für Ihre Nachbarskatze ideal sein sollte, muss das nicht auf Ihre Katze zutreffen.

Besonders junge Katzen nutzen eben die Katzentoilette, die von Ihnen als Halter angeboten wird. Diese sollte für sehr kleine Kätzchen mit einem niedrigen Einstieg versehen sein.

Je größer Ihre Katze wird, desto höher wird das Katzenstreu beim Verscharren des Geschäfts fliegen und desto mehr werden Sie sich wünschen eine Katzentoilette mit höherem Rand oder sogar eine geschlossene Katzentoilette zu haben. Geben Sie Ihrer Katze die Möglichkeit diese Katzentoiletten auszuprobieren und in den allermeisten Fällen wird Ihre Katze keine großartigen Probleme mit Ihrer Wahl haben. In der Natur gibt es schließlich auch keine genormten Katzentoiletten und Katzen wurden schon dabei beobachtet an den seltsamsten Orten in den seltsamsten Positionen auf die Toilette zu gehen.

In die Katzentoilette sollte im Idealfall Katzenstreu gefüllt werden. Katzenstreu aus dem Discounter ist in der Regel qualitativ nicht so hochwertig, wie ökologisches Katzenstreu. Aber auch mit Katzenstreu aus dem Discounter wird Ihre Katze keine traumatischen Erlebnisse auf der Katzentoilette erleben. Die meisten Katzen sind auch recht unkompliziert, was das Katzenstreu angeht und nutzen eben das, was sich gerade in der Katzentoilette befindet. Besonders junge Katzen lassen sich ideal an verschiedenes/wechselndes Katzenstreu gewöhnen. Hier können Sie mit feinkörnigem oder weichem Katzenstreu experimentieren, um herauszufinden, was Ihrer Katze am meisten zusagt. Sollten Sie eine ältere Katze bei sich aufnehmen, versuchen Sie die bisherigen Streu-Gewohnheiten Ihres neuen Mitbewohners herauszufinden und zu übernehmen. So ersparen Sie Ihrem Liebling zusätzlichen Stress bei der Umgewöhnung und vermeiden unschöne Missgeschicke!

## Zeckenzangen, Flohhalsband und Co.

Eine Zeckenzange benötigen Sie für den Fall, dass Sie eine Zecke nicht mit Hilfe Ihrer Fingernägel entfernen wollen oder können – falls Sie auf diesem Gebiet ungeübt sind, sollten Sie Zecken mit einer Zeckenzange entfernen. Beachten Sie dabei, dass eine schnelle Entfernung der Zecke wichtig ist, damit keine Bakterien durch den Parasiten übertragen werden. Zecken holt sich Ihr Liebling in der Regel bei Streifzügen in der Natur. Manche Katzenbesitzer kontrollieren ihre Katze nach jedem Abenteuer im Freien auf möglichen Zeckenbefall, andere Katzenbesitzer gehen dieses Thema entspannter an.

Bestimmt sind Sie bei Ihrer Recherche über katzenrelevante Themen bereits über Flohhalsbänder gestolpert. Während einige Katzenhalter das Flohhalsband für DAS Mittel gegen Flöhe halten, sehen andere Katzenhalter im Flohhalsband eine mögliche Erstickungsfalle. Die Katze kann draußen beim Umherstreifen durchaus mit dem Flohhalsband an einem Ast oder Ähnlichem hängenbleiben und sich dabei ernsthafte Verletzungen zuführen. Alles, was nicht natürlich zur Katze gehört und sich dauerhaft am Katzenkörper befindet, stellt eine mögliche Gefahr dar. Außerdem enthalten Flohhalsbänder, Puder und Sprays meist fragwürdige chemische Zusatzstoffe, wie Methopren, Fipronil, Imidacloprid und Permethrin, die Ihre und die Gesundheit Ihrer Katze auf Dauer belasten können. Alternativ können Tabletten mit B-Vitaminen oder ökologische Produkte verabreicht werden, was jedoch immer mit einem Tierarzt abgesprochen werden sollte.

Auch Stubentiger können von Würmern befallen werden und

somit sollte sich jeder Katzenbesitzer die Frage stellen, ob die Katze mit schulmedizinischen oder natürlichen Mitteln entwurmt werden soll. Eine gute Prophylaxe für einen Befall mit Ungeziefer jeglicher Art ist ein guter Gesundheitszustand der Katze, den Sie als Halter maßgeblich über die Haltung und Ernährung beeinflussen können! Bevor Sie also einen tierischen Mitbewohner aufnehmen, sollten Sie sich die Frage stellen, ob Ihre Katze eventuell durch Freigang oder weitere Haustiere mit Freigang einem Risiko für den Kontakt mit Ungeziefer ausgesetzt ist und auf welcher Basis Sie prophylaktisch oder therapeutisch damit umgehen möchten. In diesem Zuge können Sie direkt einen entsprechend behandelnden Tierarzt aussuchen!

# Kapitel 6: Die artgerechte Ernährung einer Katze

Eine Katze satt zu kriegen, ist heutzutage nicht schwer. Sie hingegen artgerecht und gesund zu ernähren, ist eine Wissenschaft für sich, der wir uns in diesem Kapitel widmen wollen.

Zugegeben, es ist äußerst verlockend einfach in den nächsten Supermarkt zu gehen und dort günstiges Katzenfutter, praktischerweise in Dosen verpackt, zu erstehen. Die allermeisten Katzen fressen dieses Fertigfutter auch ohne größere Probleme und dennoch kann die alleinige Fütterung mit Fertigfutter auf langer Sicht zu einem gesundheitlichen Problem werden. Zumeist steckt in diesem Fertigfutter nicht nur jede Menge Zucker, sondern es fehlt den Produkten auch an wertvollen Nährstoffen. Zumeist ist der Wassergehalt zu gering und der Gehalt an Kohlenhydraten zu hoch – eine ausgewogene Ernährung sieht anders aus und sollte sich am natürlichen Futter der Katze orientieren. Der Griff zum fertigen Trocken- oder Nassfutter ist zwar bequem, aber das stark verarbeitete Futter bietet aufgrund ultrahoher Erhitzung und weiterer Verarbeitungsprozesse leider keine für eine langfristige Gesundheit ausreichenden Nährstoffe. Auch wenn Ihre Bekannte der felsenfesten Überzeugung ist, dass es ihrer Katze mit fertigem Trocken- und Nassfutter wunderbar geht, spiegelt dies lediglich die momentane gesundheitliche Situation wider. Die Langzeitfolgen einer unausgewogenen und einseitigen, durch Zucker belasteten Ernährung zeigen sich nun einmal erst spät und dann in ihrer ganzen verheerenden Pracht!

Die steigenden Zahlen hinsichtlich der Krebs-, Diabetes- und Herzerkrankungen bei Katzen sprechen eine deutliche Sprache und die Verantwortung für die Gesundheit Ihrer Katze liegt bei Ihnen! Die nicht artgerecht gefütterten Katzen gelten so lange als gesund, bis die Folgen dieser schädlichen Ernährung für uns Menschen sichtbar werden. In Form von Tumoren, Nierensteinen, Hautkrankheiten, Erblindung oder Ähnlichem.

Dies heißt nicht, dass Ihre Katze keinerlei fertiges Futter zu sich nehmen sollte, sondern dies bedeutet, dass Sie dieses Fertigfutter mit Bedacht auswählen und es nicht als Hauptnahrungsquelle verstehen sollten. Unter der großen Auswahl an Fertigfutterprodukten verstecken sich einige Sorten mit hohem Fleischanteil, keinem Zuckerzusatz und einem ausgesprochen vielversprechendem Nährstoffprofil. Diese Qualität spiegelt sich verständlicherweise im Preis wider, weswegen immer mehr Katzenbesitzer zu einer ganz anderen

Art der Katzenernährung übergehen:

## Dem BARFen. Aber was genau versteckt sich hinter BARF?

BARF steht für die biologisch artgerechte Rohfütterung von Haustieren. Das heißt für Sie als Katzenhalter, dass Sie das Fertigfutter links liegen lassen und sich selbst um die Zusammenstellung der Mahlzeiten Ihres Stubentigers kümmern. Der Vorteil dieser Fütterungsmethode ist, dass die Katze auf diesem Wege große Mengen tierisches Protein mit allen für sie notwendigen Nährstoffen erhält. In Fertigfutter sind zumeist pflanzliche Proteine zu finden, weil diese in der Herstellung günstiger sind. Sie liefern der Katze jedoch nicht das gesamte Spektrum der Aminosäuren, die sie dringend für ihre langfristige Gesundheit benötigt. Das frische Fleisch enthält unter anderem natürliches Taurin, das dem synthetisch hergestellten Taurin in Fertigfutter in seiner biologischen Wertigkeit haushoch überlegen ist. Die Grundlage für die eigene Herstellung von Katzenfutter ist das umfangreiche Wissen über die verschiedenen von der Katze benötigten Nährstoffe und die entsprechende Zusammenstellung des Futters.

## Die Angaben auf dem Dosenfutter richtig verstehen

Glücklicherweise müssen die Hersteller auf den Katzenfutterdosen ziemlich genau deklarieren, was eigentlich in der Dose steckt. Dennoch ist es nicht immer leicht, die Angaben richtig zu verstehen, denn unschöne Details verstecken sich hinter breit gefassten Begriffen. Wussten Sie, dass sich beispielsweise hinter „tierischen Nebenerzeugnissen“

auch Schlachtabfälle, Federn, Füße und Ähnliches verstecken können? Je genauer die Angaben auf dem Dosenfutter sind, desto eher können Sie als Käufer entscheiden, ob Sie dies im Futternapf Ihrer Katze sehen möchten.

Zunächst einmal lässt sich bei Fertigfutter zwischen **Premium Futter** und nicht Premium Futter unterscheiden. Das Premium Futter zeichnet sich dadurch aus, dass es immer nach dem gleichen Rezept hergestellt wird und somit keinerlei Abweichungen im Nährwertgehalt hat. Das heißt nicht, dass nicht Premium Futter von minderer Qualität sei – aber die Inhaltsstoffe können variieren. Für Katzenhalter, die Wert auf immer die gleiche Zusammensetzung für ihre Katze legen, bietet sich das Premium Futter an.

Zusätzlich kann bei Fertigfutter zwischen **Trockenfutter und Nassfutter** unterschieden werden. Beide Arten des Fertigfutters können aus Fleisch/Fisch, tierischen Nebenerzeugnissen, Vitaminen, Mineralstoffen, Geliermittel, Salz, Farbstoffen, Konservierungsstoffen, Getreideprodukten, Zucker, Hefe und Wasser bestehen. Wie Sie vielleicht bemerkt haben, passen einige der Zutaten nicht unbedingt ins Beuteschema der Katze und sind nur deshalb im Fertigfutter enthalten, damit die Katze das Produkt tatsächlich isst. Dem Trockenfutter wird die Feuchtigkeit entzogen, worauf es seine knusprige Form erhält. Das heißt, dass in 100g Trockenfutter mehr Nährstoffe stecken als in 100g Nassfutter – ein häufiges Argument für die Fütterung von Trockenfutter – aber eben auch bis zu 90% weniger Wasser. Katzen trinken eher wenig und selten, außer sie sind krank, und die natürlichen Beutetiere enthalten natürlicherweise Flüssigkeit. Es bietet sich also nicht unbedingt an, auf Trockenfutter zu setzen, da dies „noch weiter weg“ vom natürlichen Beutetier der Katzen ist. Viele Katzen kauen das Trockenfutter auch nicht, sondern schlingen es in unzerkauten Brocken herunter, was auch die Zähne nicht sonderlich beansprucht.

Mittlerweile sind viele Katzenhalter dazu übergegangen Nassfutter zu geben, damit die Katze mit ausreichend Flüssigkeit versorgt wird. Zusätzlich geben sie frische Knochen oder ein wenig Trockenfutter, damit auch die Zähne der Katze zum Einsatz kommen und gesund bleiben. Das ist sicherlich für uns Menschen als Halter eine praktische Sache, aber artgerecht sieht leider anders aus. Dies merken wir auch immer dann, wenn wir uns die durchschnittlichen Herstellerangaben auf den Verpackungen durchlesen.

## Die Inhaltsstoffe

**Pflanzliche Stoffe**: Diese essen Katzen in der Natur nur in sehr, sehr geringer und vorverdauter Form. Natürlich hat die ein oder andere Maus Getreidereste im Magen, aber in der Gesamtheit steckt viel mehr Getreide im Fertigfutter, als Katzen gut vertragen können. Es sollten also maximal 5% Kartoffeln, Getreide, Möhren oder Reis enthalten sein. Soja und Mais gehören auf keinen Fall ins Katzenfutter, denn das heißt nichts anderes als „im Fleischabfall selbst ist zu wenig Protein enthalten und somit haben wir proteinreiche Pflanzen hinzu gepackt“. Leider sind diese pflanzlichen Proteine für die Katze kaum nutzbar bzw. also von geringer Bioverfügbarkeit.

**Tierische Nebenerzeugnisse**: Hierbei handelt es sich um Schlachtabfälle und keineswegs um qualitativ hochwertiges Fleisch. Ja, in der Natur essen Katzen auch nicht ausschließlich Muskelfleisch, sondern eben auch Füße, Federn und ähnliches. Allerdings sind diese tierischen Nebenerzeugnisse (Haut, Urin, Haare, Federn und Ähnliches) qualitativ meist nicht mit den „natürlichen tierischen Nebenerzeugnissen“ vergleichbar und somit für Katzen schwer verdaulich. Wenn also auf der Verpackung „tierische Nebenerzeugnisse (u.A. 7% Huhn)“ zu lesen ist, dann bedeutet das, dass aus der Masse an Abfällen 7% Huhn zu identifizieren sind – keine schöne Vorstellung. Besser liest sich dagegen „90% Huhn (davon 70% Muskelfleisch, 10% Leber, 10% Herz)“. Hier wissen Sie genau, was im Futter enthalten ist und können sichergehen, dass es keine Abfallmasse mit schmackhaften Konservierungsstoffen ist.

## Die analytischen Bestandteile

**Rohproteine**: Hierbei handelt es sich um Proteine, die zum größten Teil aus tierischen Zutaten gedeckt werden sollten. Pflanzliche Proteine sind für Katzen kaum verwertbar und nutzen ihnen somit reichlich wenig. Der Gehalt an Rohprotein sollte bei Nassfutter zwischen 5-15% liegen und eben größtenteils aus tierischem Protein bestehen. Beachten Sie hier die Inhaltsstoffe ganz genau!

**Rohfaser/Ballaststoffe:** Dies sind für die Katze unverdauliche Stoffe. Liegt der Wert über 1% hat das Katzenfutter kaum einen nennenswerten gesundheitlichen positiven Effekt für die Katze. Diese Stoffe werden unverdaut ausgeschieden und bieten somit keinerlei Mehrwert für die Katze.

**Rohasche/Mineralien**: Hier geht es um die anorganischen Stoffe, die einen Wert von 2% nicht übersteigen sollten.

**Feuchtigkeit**: Diese sollte bei 50-70% liegen. Warum? Weil Katzen als Wüstentiere eher weniger häufig trinken und ihren Flüssigkeitsbedarf über das Fressen decken. Das durchschnittliche Beutetier der Katze besteht zu 70% aus Flüssigkeit und dies sollte beim Fertigfutter ähnlich aussehen.

**Fett**: Zwischen 2-7% Fett sollten im Nassfutter enthalten sein und auch diesmal gilt: Katzen sind Karnivore und dementsprechend sollte das Fett nicht pflanzlicher, sondern tierischer Herkunft sein.

## Die Zusatzstoffe

**Taurin**: Taurin steckt eigentlich schon im Fleisch, kann aber durch den Garvorgang bei der Herstellung des Futters verloren gehen. Dementsprechend sollten etwa 400-2500mg Taurin zusätzlich im Katzenfutter enthalten sein. Es ist nicht bekannt, ob eine Überdosierung dieses Stoffes zu gesundheitlichen Schäden führt. Bekannt ist aber, dass eine Unterversorgung sehr schnell zu gesundheitlichen Schäden führt. Dies ist auch ein Grund, warum Katzen, die ihr Futter nicht essen möchten, nicht durch Hungern zum Essen gezwungen werden sollten – schon nach kurzer Fastenzeit kann es zu einem Taurinmangel mit negativen gesundheitlichen Folgen kommen.

**Vitamine**: Auch die Vitamine stecken eigentlich im Fleisch, können aber genau wie das Taurin bei der Erhitzung während des Herstellungsprozesses verloren gehen. Das ist der Grund, warum einige Futterhersteller Vitamine hinzugeben.

**Mineralien**: Auch die Mineralien sind im Fleisch enthalten, können aber durch das Erhitzen bei der Herstellung verloren gehen. Dementsprechend fügen Hersteller gerne Kalzium, Phosphor, Kalium und Natrium hinzu. Das Verhältnis von Kalzium und Phosphor sollte bei 1,2:1 liegen und das Verhältnis von Kalium zu Natrium sollte bei 2,1:1 liegen – so wie bei den natürlichen Beutetieren.

**Farbstoffe, Zucker, Inulin, Geschmacksverstärker, E-Stoffe, Konservierungsstoffe, Antioxidationsmittel, Geliermittel, Karamell, Cassia Gum, Stärke und Ähnliches sollte niemals im Futter enthalten sein.**

Nicht nur, dass es Ihrer Katze keinerlei Nährwert bietet, es schadet ihr sogar. Natürliche oder chemische Farbstoffe werden häufig eingesetzt, damit das Katzenfutter für uns Besitzer schöner aussieht – die Katze kann darauf gut verzichten und qualitativ hochwertiges Katzenfutter ist in der Regel ansehnlich. Cassia Gum, Karamell und Inulin sind ein und dasselbe: Zucker. Unter diesen Namen versuchen die Hersteller das Futter zuckerfrei erscheinen zu lassen, was natürlich nicht stimmt. Zucker kann zu Katzendiabetes führen und ist ein hochgradig süchtig machender Geschmacksverstärker. Qualitativ hochwertiges Futter benötigt keine Geschmacksverstärker, weil es natürlich schmeckt. Bei Konservierungsstoffen werden häufig chemische E-Stoffe (E202 beispielsweise) verwendet, die Ihrer Katze auf Dauer schwere gesundheitliche Schäden zufügen können. Auch von Geliermitteln sollte Abstand genommen werden, da hier häufig E-Stoffe eingesetzt werden, die den Fleischsaft zu einer Art Soße machen sollen. Für die Katze absolut überflüssig, eine Maus wird von der Natur auch nicht mit Soße, sondern mit natürlichem Blut serviert.

Falls schwammige oder unklare Begriffe auf der Verpackung zu finden sind, dann bedeutet dies in der Regel, dass die Zutaten nicht von höchster Qualität sind, denn Hersteller, die bei der Produktion ihres Futters Zutaten von höchster Qualität verwenden, präsentieren dies in der Regel sehr detailliert, verständlich und ausführlich auf der Verpackung. Oftmals versuchen Hersteller fragwürdige Zusammensetzungen auch durch die „Nicht-Nennung“ von Prozentangaben zu beschönigen. Falls also nur „pflanzliche Stoffe“ ohne jegliche verwendbaren Angaben zum Gehalt auf der Verpackung deklariert sind, sollten Sie dieses Futter meiden.

Ein weiterer Hinweis ist meist auf der Verpackung vermerkt: Wie viel Ihr Tiger vom jeweiligen Futter fressen sollte. An dieser Angabe lässt sich leicht erkennen, ob viele oder wenig Nährstoffe im Futter stecken, die Katze also weniger oder mehr Futter zur Deckung ihres Tagesbedarfs benötigt. Während bei qualitativ hochwertigem Futter täglich vielleicht nur 150g verzehrt werden sollten, müssen Katzen zur Deckung ihres Nährstoffbedarfs auch mal 300g vom Discounter-Futter fressen. Jetzt können Sie sich ausrechnen, ob das Discounter-Futter tatsächlich günstiger ist. Nein, natürlich nicht. Vom „teuren“, aber qualitativ hochwertigen Futter müssen Sie weniger füttern und somit gleicht sich das Ganze wieder aus. Zusätzlich bleiben Ihnen höchstwahrscheinlich hohe Tierarztkosten erspart, die sonst durch eine Fütterung von fragwürdigem Futter verursacht worden wären. Nassfutter der Firmen Catz Finefood, Lucky Kitty und Liebesgut sind empfehlenswert!

Was steckt also drin? Der eine Hersteller verwendet ausschließlich Abfallprodukte der Fleischindustrie und andere Hersteller verwenden tierische Produkte, die auch für Menschen zum Verzehr geeignet wären. Wenn Sie ganz sicher gehen wollen, was im Katzennapf landet, dann dürften die nächsten Kapitel äußerst interessant für Sie sein.

## Vorurteile gegenüber dem BARFen

BARFen ist anstrengend, teuer, unhygienisch und zeitraubend. Das muss nicht sein. Als Katzenhalter haben Sie die Pflicht sich mit einer für die Katze artgerechten Ernährung auseinanderzusetzen und diese in Ihren Alltag zu integrieren. Dazu gehört eben auch, sich über die verschiedenen Ernährungsformen zu informieren, also Zeit zu investieren!

Natürlich ist es zeitlich effektiver einige Dosen Katzenfutter beim Einkauf in den Einkaufswagen fallen zu lassen, statt regelmäßig Katzenfutter in der eigenen Küche herzustellen. Mit gut vorbereiteten Rezepten und ein wenig Übung hält sich dieser Zeitaufwand allerdings in Grenzen. Was Sie zusätzlich an Zeit sparen, ist die Zeit, die Sie aufgrund einer mit Nährstoffen unterversorgten, kranken Katze beim Tierarzt verbringen werden, falls dauerhaft minderwertiges Fertigfutter gefüttert wird.

Und dies ist auch schon der nächste Punkt: Im Vergleich zum Discounter-Futter ist das BARFen teuer, ja. Allerdings lässt sich mit klug eingekauften Produkten das BARFen günstiger gestalten und mögliche Tierarztbesuche aufgrund einer dauerhaften Fehlernährung fallen aus. Das BARFen mag nicht für jeden Katzenhalter die passende Option sein, sollte aber durchaus in Erwägung gezogen werden, denn so kompliziert, aufwendig, teuer und zeitraubend, ist das BARFen gar nicht – wie Sie im nächsten Kapitel sehen können.

BARFen ist eine großartige Sache, aber nicht für jede Katze, außer das BARFen wird von einem tatsächlich kompetenten Tierarzt begleitet. Schwangere, stillende oder kranke Katzen sollten nicht spontan auf die BARF Ernährung umgestellt werden. Bei Katzen mit Diabetes, Harnstein oder Nierenerkrankungen kann die Umstellung auf BARF jedoch maßgeblich zum Heilungsprozess beitragen.

## So könnte das BARFen bei Ihnen zu Hause aussehen

Auch wenn die Katze ihr Futter in der freien Wildbahn roh verspeist, kochen einige BARFer das Fleisch, um eventuelle durch die Lagerung angesiedelte Bakterien abzutöten. Sie haben also die Möglichkeit frisches Fleisch direkt vom Erzeuger roh zu füttern oder handelsübliches Fleisch aus dem Supermarkt wenigstens oberflächlich abzukochen – so sind sie, was Bakterien angeht, auf der sicheren Seite. Durchschnittlich benötigt eine Katze ungefähr 140 Gramm Fleisch mit einem kleinen Happen Leber von ungefähr 5-10 Gramm pro Tag. Anhand von speziellen BARF Rechnern im Internet lässt sich dieser Wert für Ihre Katze ganz genau ausrechnen. Mit diesem zuvor vorgestellten Mittelwert können Sie sich ungefähr ausrechnen, welche Kosten beim BARFen auf Sie zukommen. Hierbei handelt es sich jedoch um überschaubare Kosten von durchschnittlich weniger als einem Euro täglich.

Im Idealfall besteht eine BARF Mahlzeit, die zweimal täglich angeboten werden sollte, zu einem großen Teil aus Muskelfleisch, einem kleinen Teil aus Innereien, Knochen, Fisch, tierischem Fett und optionalen Zusatzstoffen. Geeignete Fleischsorten sind Rind, Pute, Huhn oder auch Lamm.

Welche Zusatzstoffe dem Fleisch zugegeben werden sollten, müssen Sie mit Ihrem Tierarzt absprechen, da Ihre Katze unter Umständen einen erhöhten Bedarf an bestimmten Vitaminen oder Mineralstoffen hat. Beispielsweise ist in dem beim Metzger erhältlichen Fleisch kaum Taurin vorhanden. Katzen benötigen jedoch diese lebensnotwendige Aminosäure. Dementsprechend müssen Sie diesen Stoff und einige weitere Stoffe dem rohen Fleisch hinzufügen. Hierfür gibt es auch Komplett-Präparate. Aber auch hier sollten Sie eine Gabe mit Ihrem Tierarzt absprechen.

Um den Kalzium-Phosphor-Bedarf der Katze zu decken, sollten Knochen mitgefüttert werden, welche von vielen Katzen in gewolfter Form lieber gefressen werden. Falls Sie und Ihre Katze sich für das BARFen begeistern können, sollten Sie die Anschaffung eines qualitativ hochwertigen Fleischwolfs in Erwägung ziehen. Zu Beginn können Sie auf größere Anschaffungen verzichten, denn noch wissen Sie nicht, ob Ihre Katze die Rohfütterung dauerhaft annehmen wird – hier ist viel Geduld gefragt!

## Das gehört alles zum BARFen dazu

Zum BARFen gehört vor allem **Muskelfleisch**. Das kann vom Rind, vom Lamm, vom Känguru, vom Lama, vom Huhn, von der Pute usw. sein. Hier sind Ihrer Fantasie keine Grenzen gesetzt. Die einzige zu beachtende Grenze gibt es bei der Fütterung von Wildschweinfleisch – das sollten Sie meiden. Versuchen Sie monatlich etwa zwei bis drei verschiedene Tierarten zu füttern, wobei Sie auch innerhalb der Rezepte mischen können. Beachten Sie, dass auch das Herz bei vielen Rezepten zum Muskelfleisch gezählt wird. Bevorzugt sollte sehniges Fleisch mit Fettabschnitten verwendet werden, welches in möglichst grobe Stücke geschnitten wird. Zu Beginn ziehen viele Katzen fein geschnittenes oder sogar gewolftes Fleisch vor.

Auch **Fett** spielt beim BARFen eine wichtige Rolle und lässt sich über fettreiches Fleisch und Haut in die Mahlzeiten einbauen. Fettreich ist beispielsweise Entenfleisch. Es gibt im Internet kostenlose Fettrechner und BARF Rechner, die Ihnen bei der richtigen Zusammenstellung helfen.

Ein weiterer wichtiger Bestandteil der BARF Rezepte sind die **Innereien**. Also Milz, Niere, Leber, Lunge, Hoden und Hirn. Sie werden selten Rezepte mit Lungen, Hoden und Hirn finden, aber schon eher mit Milz, Niere und Leber. Auch hier ist die Abwechslung wichtig und noch wichtiger: In der Leber ist Vitamin A enthalten, was durchaus überdosiert werden kann. Es bietet sich also an, Leber täglich nur in kleinen Mengen oder zeitversetzt in größeren Mengen zu füttern.

**Blut** ist ein weiterer wichtiger Nährstofflieferant, der von Katzenhaltern aber nicht immer gerne verfüttert wird. Die Alternative heißt Supplemente, auf welche später noch genauer eingegangen wird.

**Knochen** gehören natürlich auch zum BARF. Sie sind schließlich ein wichtiger Nährstofflieferant und Bestandteil der Beutetiere. In Knochen stecken unter anderem Kalzium und Phosphor. Knochen können in Form von Hühnerhälsen, Putenhälsen, Hühnerschenkeln, Karkassen oder Hühnerflügeln verfüttert werden. Sicherlich nicht jeder „Katzes Sache“, aber gewolfte Putenhälse wurden bisher von nur wenigen Katzen verschmäht.

**Fisch** ist ebenfalls ein wichtiger Bestandteil der Rohfütterung.

Pro Kilogramm Fleisch sollten 20-50g Fisch verfüttert werden, um den Vitamin D Bedarf zu decken. Gekochter Fisch mit Gräten bietet sich nicht an, da gekochte Gräten leicht splittern und die Katze verletzen können. Auch Lammherz enthält Vitamin D und wird von einigen Katzen bevorzugt. Zu viel Fisch sollte nicht verfüttert werden, denn das enthaltene Enzym Thiaminase zerstört das Vitamin B1, welches aber für die Katze enorm wichtig ist.

**Supplemente** können, müssen aber nicht ein Bestandteil des BARFens sein. Die Supplemente werden immer dann eingesetzt, wenn die Nährstoffe im Fleisch nicht ausreichen oder bestimmte nährstoffreiche Innereien von der Katze verschmäht werden. Aufgrund der Lebensbedingungen der Futtertiere sind meist weniger Nährstoffe in ihnen enthalten, als in freilebenden Tieren, die die Katze sonst fressen würde. Das BARFen ist also nicht unnatürlich, wie man mit Blick auf Supplement-Listen meinen könnte, sondern die Aufzucht der Futtertiere ist unnatürlich geworden. Mehr Informationen zu den verschiedenen Supplementen finden Sie in den nächsten Abschnitten!

Die natürlichen **Ballaststoffe** der Katze sind Federn und Fell der Beutetiere. Da diese Bestandteile nur äußerst selten erhältlich sind, können pflanzliche Alternativen hinzugegeben werden, die der Katze die Verdauung vereinfachen. Dabei sollte auf Getreide, Reis und Kartoffeln verzichtet werden. Besser sind Möhren, Zucchini oder Kürbis. Im Idealfall sollte die Katze das Gemüse roh verzehren. Manchen Katzen hilft es, wenn das Gemüse fein geraspelt ist.

## BARF Rezeptbeispiele

Wenn es um **Rezepte** geht, dann eignet sich die Frankenprey Methode. Im Internet gibt es kostenlose Frankenprey Rechner, mit denen Sie die Zusammenstellung Ihrer Rezepte ganz genau ausrechnen können. Die Frankenprey Methode ist deswegen so praktisch, weil hier Rezepte schon ganz klar prozentual aufgeteilt sind und Sie diese nur noch in die Tat umsetzen müssen. Zu Beginn der BARF-Bewegung gab es komplizierte Rechner, die schon so manchen Katzenhalter in den Wahnsinn getrieben haben. Hier nun ein Frankenprey Rezept mit Geflügel:

- 850g Muskelfleisch mit mindestens 10% Fettanteil
- 200g Herz
- 50g Magen
- 5-30g Leber
- 100g Lachs oder 30g Forelle

Zusätzlich ein Komplett-BARF-Supplement oder 2 Tropfen Vitamin E, 10g Bierhefe/1 Kapsel Vitamin B Komplex, 1g Seealgenmehl, 10g Fortain/60ml Blut, 2g Meersalz, 1g Lachsöl, 1g Taurin, 7,5g Eierschalenpulver/Calciumcaronat/9g, Algenkalk/14g Calciumcitrat

Sie können hier variieren und sind nicht an eine bestimmte Art von Geflügel gebunden. Sie können verschiedene Teile unterschiedlicher Geflügelsorten mischen.

Bei der Zubereitung gehen Sie dann wie folgt vor:

- Zunächst wird das Fleisch mit kaltem Wasser gewaschen, abgetupft und anschließend in mundgerecht große Stücke geschnitten. Bei Katzen, deren Kaumuskulatur bereits durch Rohfütterung gut ausgebildet ist, dürfen die Stücke gerne auch größer sein.
- Dann rechnen Sie aus, wie viel Gramm BARF Ihre Katze täglich benötigt: Etwa 30g pro Kilogramm Körpergewicht. Nun mischen Sie Fleisch, Fisch und Innereien und teilen das Futter in entsprechende tägliche Rationen auf. Die Ration für den nächsten Tag kommt in den Kühlschrank und alle weiteren in die Tiefkühltruhe. Katzen mögen vor allem frisches Fleisch, das nicht länger als 24 bis maximal 48 Stunden im Kühlschrank stand.
- Die übrigen Zutaten können Sie bereits anmischen und in einer separaten Dose aufbewahren. Diese Zutaten geben Sie kurz bevor Sie das Fleisch servieren über das Futter.

  Um das Futter aufzutauen, geben Sie die Ration für den nächsten Tag schon am Vorabend in der Einfrierdose in den Kühlschrank. Stellen Sie die ungeöffnete Dose am besten auf einen Teller, zum Auffangen des Tauwassers. Etwa zwei Stunden vor der eigentlichen Fütterung sollten Sie das Futter aus dem Kühlschrank nehmen und auf Zimmertemperatur erwärmen. Manche Katzen mögen ihr BARF gerne etwas erhitzt, dazu übergießen Sie das Fleisch mit ein wenig heißem

Wasser und fügen anschließend die Supplemente hinzu. Versuchen Sie die ersten BARF-Monate nur abends oder morgens zu BARFen, damit sich alle an die neue Fütterungsart gewöhnen können. Es lässt sich leichter ein wenig „experimentieren", wenn die Katze nicht morgens und abends mit Frischfleisch versorgt werden muss. Manche Katzen fressen ihr BARF zwei Tage liebend gerne und dann... keine Chance mehr. Das könnte daran liegen, dass das Kauen des Fleischs durchaus anstrengend ist und die Kleinen Muskelkater davon bekommen. Die hilfreiche Alternative für die nächsten Tage könnte gewolftes oder sehr fein geschnittenes Fleisch sein.

**BARF Rezept II: Rinder-Geflügel-Mix**

Natürlich lassen sich auch verschiedene Tierarten in einem Rezept vereinen. Wichtig ist, dass Sie zunächst die Zutaten einzeln an Ihre Katze verfüttern, um herauszufinden, was Ihrem Tiger schmeckt und was nicht. Sollte Pansen, Haut, Leber oder ähnliches für Ihre Katze gar nicht im Bereich des Essbaren liegen, dann müssen Sie das BARFen nicht aufgeben, sondern können mit entsprechenden Alternativen und Supplementen arbeiten.

Für den Rinder-Geflügel-Mix benötigen Sie:

- 350g Hähnchenflügel (gerne auch gewolft)
- 40g Rinderleber
- 70g Rinderpansen
- 50g Hähnchenniere

- 60g Rinderlunge
- 40g Hähnchenbrust mit Haut (Haut liefert Fett, alternativ kann auch eine Kapsel Lachsöl verwendet werden)
- 50g gekochte Möhren
- 5g Prise Grünlippmuschelpulver (Taurinquelle)

Sie gehen bei der Zubereitung wie beim ersten Rezept vor: Zunächst wird das Fleisch gewaschen, abgetupft und in mundgerechte oder größere Stücke geschnitten. Anschließend alle Zutaten gleichmäßig portionieren, die Portion für den nächsten Tag in den Kühlschrank stellen und alle anderen Portionen einfrieren. Das Grünlippmuschelpulver kann in diesem Fall schon vor dem Einfrieren eingearbeitet werden.

**BARF Rezept für Soße**

Manche Katzen mögen ihr Futter gerne cremig oder mit einem Klecks Soße. Diese Soße können Sie ganz einfach selbst herstellen, indem Sie einen Teil des Futters mit Wasser pürieren und anschließend über das Futter geben. Das kann vor und nach dem Einfrieren geschehen. Eine Alternative dazu ist eine Hühnerbrühe aus einem Suppenhuhn, fünf Möhren und einer Prise Salz. Die Möhren schneiden Sie in Scheiben, die Innereien des Tieres entfernen Sie. Anschließend geben Sie die Möhren, das Huhn und eine Prise Salz in einen Topf, bedecken alles mit Wasser und lassen das Ganze 2-3 Stunden köcheln. Nun entfernen Sie die Knochen. Manche Katzen mögen die Suppe so, wie sie jetzt ist, andere Katzen bevorzugen die pürierte Variante, bei der Sie alle Zutaten bis auf die Knochen pürieren können. Die Knochen darf Ihre Katze nicht mehr essen, denn diese sind nach dem Kochen spröde und könnten Ihre Katze durch Splittern verletzen.

## Der Versuch einer BARF-Anleitung

Sie haben nun an den beiden Rezepten gesehen, dass BARFen keineswegs kompliziert sein muss. Vielleicht fragen Sie sich jetzt, wo Sie Rinderblut, Putenhälse und Ähnliches erhalten. In jeder größeren Stadt gibt es mittlerweile BARF Läden und natürlich sind die verschiedenen Zutaten auch über diverse Online-Versandhandel zu erstehen. Sie müssen auch nicht Vitamin E Tropfen, Bierhefe, Rinderblut, dies und jenes und das und das und das auch noch kaufen, sondern können sich auch gänzlich auf Fleisch, Fisch und Innereien stützen. Es kommt ganz darauf an, was Ihre Katze mag und wie Sie vorgehen möchten. Eine beispielhafte BARF-Reise könnte so aussehen:

1. Sie probieren Rezepte basierend auf Fleisch, Fisch und Innereien aus. Zunächst kaufen Sie geringe Mengen jeder einzelnen für Sie leicht erhältlichen Zutat und präsentieren Sie Ihrer Katze. Darunter sollten Muskelfleisch und Innereien von verschiedenen Tierarten fallen: Flügel mit Knochen, Putenhälse, gewolfte Flügel mit Knochen, gewolfte Putenhälse, Fleisch mit Fett und Fleisch mit Haut. Geben Sie Ihrer Katze Zeit und sich natürlich auch. Bieten Sie konsequent über mehrere Wochen kleinere Leckereien an und notieren Sie sich, was Ihre Katze gerne frisst. Das Fleisch sollte nicht mehr als 10% der gesamten Fütterungsmenge ausmachen und auch nicht mit dem Fertigfutter vermischt werden. Bei mehr

als 10% sollten Sie ein entsprechendes Supplement hinzufügen, um Ihre Katze vor Mangelernährung zu schützen. Wenn Sie das Fleisch mit dem Fertigfutter mischen, kann es zu Verdauungsbeschwerden kommen. Falls Sie möchten, können Sie an dieser Stelle auch kleine Portionen Fertig-BARF (Frostfleisch) ausprobieren. Eine weitere Alternative sind ganze Futtertiere aus dem Fachhandel. Einige Katzen haben große Freude daran ganze Futtertiere zu verspeisen. Um eine optimale Nährstoffversorgung zu gewährleisten, sollten Sie möglichst abwechslungsreich mit den verschiedenen Futtertieren variieren (Fisch, Mäuse usw.). Die Nährstoffzusammensetzung gezüchteter Tiere entspricht nicht denen aus der freien Wildbahn und somit lässt sich hier pauschal wenig über die ideale Zusammensetzung sagen. Es ist gut möglich, dass Ihre Katze mehr als 10 kleine Mäuse täglich frisst, um satt zu werden – Futtertiere können aber auch ein schönes „Topping" beim BARFen sein!

2. Der nächste Schritt ist, dass Sie kleine Portionen einfrieren und auftauen. Mag Ihre Katze aufgetautes Fleisch? Mag Ihre Katze aufgetautes Fleisch, das mit einem Schuss heißem Wasser übergossen wurde? Oder mag Ihre Katze aufgetautes Fleisch mit selbstgemachter Hühnerbrühe dazu? Finden Sie es heraus!
3. Für alles, was Ihre Katze nicht mag, aber nährstofftechnisch braucht, suchen Sie nun einen für

sich passenden Ersatz anhand der folgenden Auflistung:

| Tierisches Produkt | Enthaltene Nährstoffe | Supplementierbar mit |
|---|---|---|
| Blut | Eisen, Natrium, Jod | Blutpulver, Fortain |
| Herz | Taurin | Taurinpulver |
| Knochen | Kalzium, Phosphor | Gewolfe Knochen, Eierschale, Algenkalk, Kalzium Carbonat, Kalzium Citrat, Knochenmehl |
| Niere | B-Vitamine | B-Vitamin-Komplex, Bierhefe |
| Fett | Vitamin E | Weizenkeimöl, Vitamin E Tropfen |
| Fisch | Vitamin D | Lebertran, Krillöl |
| Leber | Vitamin A | Leberpulver, Lebertran |

4. Jetzt steht eine Entscheidung an: Möchten Sie ausschließlich mit natürlichen Zutaten arbeiten, ein Fertig-Supplement verwenden oder Ihre Supplemente einzeln zusammenstellen? Jede Methode hat ihre eigenen Vor- und Nachteile und Sie alleine entscheiden, was für Ihren Alltag praktischer ist. Falls Sie sich unsicher sind, was die Zusammensetzung der Rezepte angeht oder sie eigene Rezepte zusammenstellen möchten, dann nutzen Sie für dieses Vorhaben einen BARF Rechner aus dem Internet. Diese sind kostenlos und leicht zu bedienen. So können Sie sicher sein, dass Ihre Katze annähernd alle Nährstoffe, die sie benötigt, in ihrem Futter vorfindet. Es ist immer noch nicht abschließend erforscht, welche Nährstoffe in welchen Mengen benötigt werden. So werden Sie sicherlich zu leicht unterschiedlichen Ergebnissen bei der Nutzung mehrerer BARF Rechner kommen und das ist völlig normal. Orientieren Sie sich am Mittelwert und denken Sie immer daran, dass Sie definitiv besseres Futter zusammenstellen, als jeder Discounter – auch wenn hier und da mal ein Gramm eines Nährstoffs fehlen sollte.
5. Nun sollten Sie alle benötigten Supplemente, einen Vorrat an Dosen oder Gläser zum Einfrieren und ausreichend Motivation haben, um mit Ihrer BARF-Reise fortzufahren. Der nächste Schritt ist, dass Sie sich nach der Frankenprey oder einer anderen im Internet verfügbaren Methode ein Rezept zusammenstellen und zubereiten. Verwenden Sie zunächst ein einfaches Rezept, wie zuvor schon beschrieben und tauschen Sie

gegebenenfalls Leber gegen das entsprechende Supplement aus, falls Ihre Katze keine Leber mag oder geben Sie ein Fertig-Supplement hinzu. Die Fertigsupplemente sind zwar praktisch, lassen sich aber nicht für jedes Rezept verwenden und sind in ihrer Zusammenstellung auch oft kritisiert worden. Für den Anfang ist ein solches Fertigpräparat aber sicherlich nicht schlecht! Schlechter als Discounter-Futter definitiv nicht...

6. Jetzt geht es für Ihre Katze los: Erhöhen Sie den Anteil an BARF wöchentlich um etwa 5-10%. Falls Sie nur morgens oder nur abends BARFen möchten, belassen Sie es schließlich bei 50%, ansonsten gehen sie hoch bis zu 100%. Dieser sanfte Übergang macht es den meisten Katzen einfacher. Wenn Sie merken, Ihre Katze braucht keine Samtpfotenbetreuung, dann können Sie auch schneller vorgehen.

## Die Komplett-/Fertig-Supplemente im Detail

Die Komplett- oder Fertigsupplemente eignen sich wunderbar als Einstieg in das Abenteuer BARFen. Auf dem Präparat ist genau verzeichnet, welche Nährstoffe enthalten sind und welche frischen Zutaten hinzugefügt werden müssen. Also denkbar einfach. Aber, um an ein qualitativ hochwertiges Präparat zu gelangen, gilt es einige Hinweise zu beachten.

Zunächst einmal sollten Sie sich die Zusammensetzung des Präparats genauer ansehen und möglichst sollten kein Zucker, keine Milch, keine pflanzlichen Öle, keine pflanzlichen Nebenerzeugnisse, keine Kräuter, kein Getreide, kein Vitamin

C, kein Beta-Carotin, keine Samen und keine Nüsse enthalten sein. Das sind alles Stoffe, die die Katze nicht benötigt.

Was aber enthalten sein sollte, sind Taurin, Jod, Zink, Eisen, Mangan, Kupfer, Vitamin A/D/E/B und Kalzium. Möglicherweise ist kein Taurin enthalten, dann sollte auf der Packung vermerkt sein, wie viel Herz zu einer Portion Futter hinzugegeben werden muss. So verhält es sich auch mit allen anderen eventuell fehlenden Nährstoffen. Und auch hier gilt wieder: Ist der Hersteller sich seiner Sache sicher und kann mit qualitativ hochwertigen Zutaten und einem vertretbaren Endergebnis locken, stehen alle relevanten Angaben gut verständlich auf der Packung. Bei schleierhaften Angaben – Finger weg! Unseriöse Anbieter werben auch gerne damit, dass ein Präparat sowohl für Hunde, als auch für Katzen geeignet sei. Vollkommener Blödsinn, denn der Nährstoffbedarf von Hunden und Katzen ist komplett verschieden und lässt sich niemals auf gesunde Weise durch ein einziges, gemeinsames Präparat abdecken.

Bei der Nutzung dieser Komplettpräparate halten Sie sich am besten an die Angaben auf der Verpackung. Dort ist bei einem guten Produkt vermerkt, wie viel und welches Fleisch zum Präparat passt!

## Die Nährstoffe im Detail

Damit Sie genau wissen, was worin steckt und welche Nährstoffe für Ihre Katze wichtig sind, erwartet Sie nun eine kleine Auflistung der benötigten Nährstoffe:

- Vitamin D steckt in Lammherz, Dorschlebertran, Lachs, Forelle und Sprotten.
- Vitamin B steckt in Niere, Bierhefe, Vitamin B-Komplex und Edelhefe. Bei Katzen mit Nierenproblemen oder Struvit Steinen sollte keine Bierhefe verwendet werden.
- Vitamin A steckt in Dorschlebertran, Leber und Leberpulver. Häufig möchten Katzenhalter Eigelb als Vitamin D Lieferant verwenden. Dies funktioniert aber nur bedingt, weil der Vitamin A Gehalt in Eiern zu gering ist.
- Vitamin E steckt vor allem in pflanzlichen Stoffen, die nur in geringen Mengen (maximal 5%) im Futter vorkommen sollten. Um den Bedarf zu decken können auch Weizenkeimöl oder Vitamin E Tropfen verwendet werden.
- Ballaststoffe fördern die Verdauung und sollten maximal 5% des gesamten Futters ausmachen. Geeignet sind Möhren, Kokosflocken, gequollene Leinsamen, gequollene Flohsamenschale, Gurken, Zucchini, Kürbis und ungeschälter Sesam.
- Magnesium steckt in Wasser und Spirulina. Normalerweise reicht die natürliche Wasseraufnahme zur Deckung des Magnesiumbedarfs.
- Eisen steckt in Blut, Fortain, Eisentropfen und Milz.

- Kalzium steckt in Knochen, Eierschalen, Knochenmehl, Calcium-Citrat und Calcium-Carbonat. Diese Supplemente sollten aufgrund ihrer feinen Unterschiede bei der Zusammensetzung abwechselnd genutzt werden. Es ist kaum möglich den Kalziumbedarf nur über Knochen zu decken.
- Jod steckt in Fisch, Blut und Seealgenmehl.
- Natrium steckt in Blut, Meersalz und Himalayasalz. Bitte ausschließlich natürliches Salz ohne Rieselhilfen oder Ähnliches verwenden.
- Taurin steckt in Herzen, Taurinpulver und Grünlippmuschelpulver.
- Fettsäuren sind eigentlich im Fleisch enthalten, aber durch die ungünstigen Bedingungen bei der Aufzucht nicht mehr in ausreichenden Mengen. Reines Lachsöl kann den Bedarf an Fettsäuren decken.
- Fett steckt in Haut, Gänseschmalz, Schweineschmalz oder Fettpulver und sollte 10% der Mahlzeit ausmachen, da dies ein wichtiger Energielieferant für die Katze ist.

Diese Angaben müssen Sie nicht auswendig kennen, aber Sie sollten wissen, wo Sie sie finden. Denn oftmals kommen während der Zusammenstellung der ersten Rezepte doch noch einmal Fragen auf, die sich leicht mit dieser Übersicht beantworten lassen

# Kapitel 7: Kastration, Impfung und Tierarztbesuche

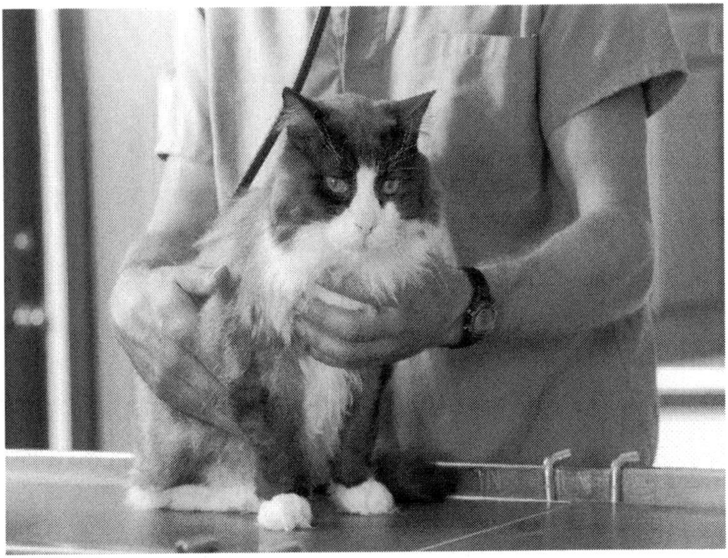

Im Allgemeinen sollte jährlich ein Check Besuch beim Tierarzt für die Katze im Terminplaner stehen. Sollten darüber hinaus Beschwerden oder Fragen auftreten, sollte der Tierarzt natürlich auch dann aufgesucht werden.

Warum ist der jährliche Check beim Tierarzt so wichtig? Weil Katzen ihr Leiden unglaublich gut verstecken können. So gut, dass selbst wir als Halter nicht immer direkt merken, wenn unserer Katze etwas fehlt. Katzen leiden still und machen sich erst bei wirklich starken Schmerzen bemerkbar. Um dennoch mögliche Wehwehchen der Katze rechtzeitig zu erkennen, sollte ein jährlicher Besuch beim Tierarzt eingehalten werden. Einen guten Tierarzt erkennen Sie daran, dass er sich Zeit für

Sie und Ihr Tier nimmt, Ihnen keine Behandlungsmethoden oder Therapien vorschreibt und Sie ausgiebig über Ihre Möglichkeiten informiert. Nicht bei jeder Erkrankung sind schulmedizinische Medikamente notwendig und ein erfahrener Tierarzt sollte die langfristige Gesundheit der Katze im Auge haben – diese also nicht unnötigerweise durch die häufige Gabe von Antibiotikum oder Ähnlichem gefährden. Was Sie tun, wenn Ihre Katze nicht zum Tierarzt möchte und wie Sie die nötigen Besuche dort so angenehm wie möglich gestalten, erfahren Sie etwas später, wenn es um die Erziehung Ihres Stubentigers geht.

## Impfen - ja oder nein?

Besonders bei der Aufnahme von Kitten stellt sich die Frage, ob und wie oft diese geimpft werden sollten. Bei der Aufnahme älterer Katzen ist zu berücksichtigen, ob der Impfschutz noch aktiv ist oder aufgefrischt werden muss. In Deutschland gibt es keine Impfpflicht für Katzen und dennoch impfen viele Katzenhalter ihre Katzen. Im Endeffekt müssen Sie entscheiden, ob und welche Impfungen für Ihre Katze sinnvoll sind und sollten sich dabei von einem Tierarzt beraten lassen. Zum einen können Impfungen Ihre Katze vor möglicherweise sogar lebensbedrohlichen Krankheiten schützen, zum anderen haben Impfungen aber auch ihre Nebenwirkungen. Hier finden Sie die Impfungen im Überblick:

**Die Katzenseuche** ist eine durch Parvoviren ausgelöste, meist lebensbedrohliche Infektionskrankheit, die nicht auf den Menschen übertragen werden kann. Die Erreger sind gegenüber haushaltsüblichen Desinfektionsmitteln, Einfrieren oder Austrocknen resistent und können teilweise jahrelang überleben. Übertragen werden die Erreger durch Körperflüssigkeiten, Flöhe oder andere Insekten. Die Viren greifen den Darm, das Knochenmark und das Lymphsystem an. Die Inkubationszeit beträgt 2-10 Tage und nach durchschnittlich drei Tagen zeigen sich Symptome wie Müdigkeit, Fieber, Erbrechen und Apathie. Bei Jungtieren kann die Katzenseuche innerhalb weniger Stunden zum Tode führen. Gegen das Virus selbst gibt es keine therapeutischen Medikamente. Die Katze kann höchstens begleitend mit fiebersenkenden, krampflösenden Mitteln behandelt werden. Die Chance sich mit Katzenseuche anzustecken, ist in den ersten vier Lebensmonaten besonders hoch. Eine Grundimmunisierung gegen die Katzenseuche findet in der 8. und 12. Lebenswoche statt. Die Auffrischung sollte jährlich stattfinden.

**Der Katzenschnupfen** ist eine unter Umständen lebensbedrohliche Komplexkrankheit, die durch Viren und Bakterien ausgelöst werden kann. Die Krankheit ist nicht auf den Menschen übertragbar. Mit dem Katzenschnupfen kann sich eine Katze in ihrem Leben mehrfach anstecken. Eine einmalig durchlebte Krankheit stellt also keinen sicheren Schutz vor weiteren Erkrankungen dar. Die Erreger werden über Nasensekret, Tränenflüssigkeit oder Speichel übertragen und die Inkubationszeit beträgt 2-7 Tage. Die Symptome sind meist tränende Augen, Nasenausfluss, Fieber, Niesen, verminderter Appetit und Müdigkeit. Bei frühzeitiger Behandlung stehen die Überlebenschancen sehr gut, wohingegen ein unbehandelter Katzenschnupfen zum Tode führen oder zu einem chronischen Katzenschnupfen werden kann.

**Die Tollwut** gilt in unseren Breitengraden als ausgerottet, dennoch werden viele Katzen gegen Tollwut geimpft, um mögliche Erkrankungen durch aus dem Ausland eingeschleppte oder von Wildtieren übertragenen Viren zu vermeiden. Bei einer Ansteckung zeigen sich innerhalb der ersten 24 Stunden Symptome wie starke Zutraulichkeit, die wir von unseren Katzen gewöhnt sind und dementsprechend eher selten als Krankheitssymptom erkennen. In den darauffolgenden vier Tagen zeigen sich die für die Tollwut so typischen Symptome, wie vermehrter Speichelfluss, Aggressionen und eine gestörte Motorik. Letztendlich finden die Tiere nach den vier Tagen einen qualvollen Tod durch Lähmungen. Tollwut kommt in Deutschland nicht mehr vor und dennoch sollen Katzen gegen Tollwut geimpft werden. Die momentan einzige Möglichkeit sich mit Tollwut anzustecken, ist über die Fledermaustollwut. Die Chancen sind für Stubentiger eher gering... Die Erkrankung darf in Deutschland nicht behandelt werden und ist in jedem Fall dem Veterinäramt zu melden. Die erste Impfung gegen Tollwut findet ab der 12. Lebenswoche statt und sollte dann alle 2-3 Jahre aufgefrischt werden.

**Die Katzenleukämie** ist eine zurzeit nicht heilbare Erkrankung, welche Tumore oder die Störung der Blutzellbildung nach sich zieht, aber nicht auf den Menschen übertragbar ist. In den meisten Fällen verläuft diese Krankheit tödlich, weil sie jahrelang unentdeckt bleiben kann. Eine gesunde Katze kann sich jedoch zumeist selbst gegen das Virus behaupten. Mögliche Symptome sind Appetitlosigkeit, Fieber, Verdauungsstörungen, Zahnfleischentzündungen und schlecht heilende Wunden. Die erste Impfung kann ab der 9. Lebenswoche stattfinden und sollte alle 1-3 Jahre aufgefrischt werden.

**Die Feline infektiöse Peritonitis (FIP)** ist eine durch ein mutiertes Coronavirus ausgelöste Darmerkrankung. Mit dem Coronavirus kommen rund 50% der Katzen in ihrem Leben in Berührung, jedoch erkranken nur 5-10% der mit dem Coronavirus infizierten Katzen auch an FIP. Im schlimmsten Fall kann diese Erkrankung zu einem Bauchhöhlenerguss, zu einem Brusthöhlenerguss oder andersartigen Flüssigkeitsansammlungen führen, die für viele Katzen tödlich enden. Da die Symptome dieser Krankheit breit gefächert sind (von Appetitlosigkeit bis Entzündungen der Nieren) ist es nicht immer einfach eine Erkrankung festzustellen. Die erste Impfung kann ab der 16. Lebenswoche stattfinden und sollte alle 1-3 Jahre aufgefrischt werden. Die Impfung erfolgt über eine Tropfenbehandlung mit inaktiven FIP Viren und die Wirksamkeit ist umstritten!

Die Grundimmunisierung besteht aus den Core-Impfungen, die Non-Core-Impfungen können aber zusätzlich/gar nicht/ausschließlich gewählt werden. Bei den Core-Impfungen handelt es sich um Impfungen gegen Erreger, die sowohl für die Katze, als auch für den Mensch gefährlich werden können. Die Non-Core-Impfungen hingegen beziehen sich ausschließlich auf die Katze und sind in der Regel für Freigänger gedacht. Die Grundimmunisierung sieht die RCP Impfung in der 8.

Lebenswoche, die RCP und Tollwut Impfung in der 12. und 16. Lebenswoche und schließlich die RCP und Tollwut Impfung im 15. Lebensmonat vor. Dieses Schema ist natürlich nicht bindend und kann/sollte je nach Katze und Lebenssituation verändert werden.

Die Auffrischung der Impfungen findet in der Regel häufiger statt, als notwendig. Grund dafür mag auf einer finanziellen Ebene liegen – für die Gesundheit der Katze ist das übermäßige Impfen eher eine Belastung. Hinterfragen Sie unnötige Behandlungen Ihres Tieres, denn im schlimmsten Fall erreichen Sie durch das „Überimpfen" keine „Übergesundheit", sondern genau das Gegenteil! Katzen gehören zu den Säugetieren und haben somit wie wir Menschen auch ein Immungedächtnis. Dies zu ignorieren ist natürlich lukrativ und Sie werden schnell erkennen, ob Ihrem Tierarzt die Gesundheit Ihres Tieres oder der eigene Geldbeutel mehr am Herzen liegt. In Studien konnte nachgewiesen werden, dass die Immunisierung verschiedener Impfungen etwa sieben Jahre anhält und von Katze zu Katze ganz individuell ist. Einige Katzenexperten empfehlen Hauskatzen die Grundimmunisierung zukommen zu lassen und auf eine Auffrischung zu verzichten.

Natürlich bleiben auch Impfungen nicht ohne Nebenwirkungen und auch dies sollten Sie bei Ihrer Impfentscheidung mitberücksichtigen! Häufig werden die Halter beim Tierarzt eben nicht über die Nebenwirkungen aufgeklärt, sondern erfahren lediglich welche Impfungen gemacht werden können. Das heißt nicht, dass in jedem Fall jede vom Tierarzt empfohlene Impfung notwendig und sinnvoll ist. Nehmen Sie beispielsweise eine alte Katze in Ihren Haushalt auf, die bereits krankheitsbedingte Beeinträchtigungen hat, wäre das Impfen eine zusätzliche Belastung für den Körper. Noch immer findet keine ausreichende Aufklärung hinsichtlich der Impfberatung statt und Nebenwirkungen werden häufig gar nicht erst erwähnt oder von der Impfung isoliert betrachtet. Es gibt mittlerweile auch ganzheitlich praktizierende Tierärzte, die Sie dahingehend intensiver beraten können. Nicht immer ist der Zeitpunkt für eine Impfung richtig und nicht immer entfalten die Impfungen genau die Wirkung, die sie eigentlich entfalten sollen. Die Nebenwirkungen können von lokalen Schmerzen (von denen Sie als Halter nicht viel mitbekommen werden, da Katzen zäh sind und sich in der Regel kaum etwas anmerken lassen), über Fieber, Verdauungsstörungen, anaphylaktischer Schock, Störung des Nervensystems, Wesensveränderungen, Müdigkeit, Entzündungen an der Einstichstelle, Appetitlosigkeit, Atemnot, (Kopf-)Schwellungen und Krebs reichen. Der Krebs entsteht dann, wenn sich die Einstichstelle entzündet und sich daraus ein impfbedingtes Fibrosarkom entwickelt. Dieses wird dann häufig operativ entfernt und wächst mit großer Wahrscheinlichkeit fröhlich nach, da die Grundursache für die Entstehung natürlich nicht behoben wurde. Besonders die chemischen Zusatzstoffe und das in den Impfungen enthaltene Aluminium stellte eine potenzielle Gefährdung für die Katzengesundheit dar. Impfungen mit Lebendimpfstoffen enthalten wesentlich weniger fragwürdige Zusatzstoffe und sind den Impfungen mit toten Stoffen vorzuziehen. Die chemischen Zusatzstoffe erhöhen die Reaktion des Immunsystems auf die toten Stoffe.

Denken Sie daran, dass eine artgerechte Haltung, stressfreie

Umgebung und nährstoffreiche Ernährung maßgeblich zum Gesundheitszustand Ihrer Katze beitragen.

## Die Kastration und Sterilisation

Die Kastration von Katzen birgt einige Vorteile: Die Rolligkeit der Katzen bleibt aus, die Katzen werden menschenbezogener und entfernen sich weniger weit von ihrem Zuhause. Vor allem Kater werden weniger aggressiv, was Stress für Katze und Mensch deutlich reduzieren kann.

Katzen können bereits vor dem Eintreten der Geschlechtsreife kastriert werden. Weibchen werden im Durchschnitt mit 5-9 Monaten geschlechtsreif, wobei Männchen erst mit 8-10 Monaten geschlechtsreif werden. Auch der Zeitpunkt der Geburt und die Rasse spielen beim Zeitpunkt der Geschlechtsreife eine Rolle. Oftmals scheuen Katzenhalter vor einer Kastration zurück, aus Angst die Katze würde nach der Kastration unkontrolliert zunehmen. Die Kastration an sich ist nicht der Grund für die häufige Gewichtszunahme, sondern vielmehr der abgeschwächte Bewegungsdrang der Katze. Dies hängt vor allem damit zusammen, dass die Suche nach Paarungspartnern wegfällt. Eine strikte Ernährung und Animation zur Bewegung können hier natürliche Abhilfe schaffen.

Was ist der Unterschied zwischen einer Kastration und einer Sterilisation? Bei einer Sterilisation werden lediglich die Ei- oder Samenleiter durchtrennt. Das heißt, dass das für die Hormonproduktion wichtige Gewebe im Körper verbleibt und auch weiterhin für das entsprechende Verhalten sorgt (Rolligkeit, Partnersuche). Bei einer Kastration wird zudem das für die Hormonproduktion wichtige Gewebe entfernt, wodurch die Katze nicht nur unfruchtbar wird, sondern auch ihr paarungsbezogenes Verhalten ablegt.

Ob eine Kastration oder Sterilisation für Ihre Katze sinnvoll ist, sollten Sie zusammen mit dem Tierarzt Ihres Vertrauens entscheiden. Wobei Kastration und Sterilisation besonders bei Freigängern unumgänglich sind, um eine unkontrollierte Vermehrung zu vermeiden.

# Kapitel 8: Katzenlangeweile

Besonders junge Katzen haben einen ausgeprägten Spieltrieb, den sie ausleben möchten. Katzen, die keinen Freilauf haben, wird es Zuhause schnell langweilig, weswegen wir als Katzenhalter gefragt sind für entsprechende Beschäftigung zu sorgen.

Falls eine Katze über einen längeren Zeitraum Langeweile empfindet, kann es durchaus vorkommen, dass sie sich an Möbeln austobt und dabei in Gefahr gerät. Sie können Beschäftigungsmöglichkeiten schaffen und zusätzlich auch ganz aktiv mit der Katze spielen, was die Bindung zu Ihrer Katze stärkt und intensiviert. Es kann großen Spaß machen sich ausgiebig mit einer Katze zu beschäftigen! Beim Spielen fördern Sie die mentalen und körperlichen Fähigkeiten Ihrer Katze und ganz nebenbei natürlich auch die Gesundheit. Denn

Couch Potato-Katzen sammeln unnötige Pfunde an, die sich Nachteilig auf ihre Darm- und Herzgesundheit auswirken. Beim Spielen trainiert die Katze ihre Geschicklichkeit, Schnelligkeit, Mobilität und Konzentration.

Junge Katzen mit ihrem ausgeprägten Spieltrieb haben ein geringes Risiko Übergewicht anzusammeln, ältere Katzen, die gerne von einer Ruhezone zur anderen pilgern, jedoch schon. Somit lohnt es sich auch mit älteren Katzen zu spielen und sie so zur Bewegung zu animieren. Wenn Sie regelmäßig mit Ihrer Katze spielen, stärken Sie die Bindung zu Ihrer Katze und Ihre Katze wird eher gewillt sein, sich an das vorherrschende häusliche System anzupassen und sich an Regeln zu halten. Gelangweilte Katzen können mitunter aggressives und störendes Verhalten zeigen.

Lassen Sie es nicht so weit kommen, planen Sie regelmäßige Beschäftigungseinheiten ein und lassen Sie sich immer wieder neue Beschäftigungsmöglichkeiten für Ihre Katze einfallen! Es gibt verschiedene Arten der Katzenbeschäftigung, die Sie in diesem Kapitel kennenlernen. Nicht jede Art der Beschäftigung passt zu Ihnen und Ihrer Katze. Probieren Sie also aus, was zu Ihnen passt!

## Passive Beschäftigungsmöglichkeiten

Die passiven Beschäftigungsmöglichkeiten sind die Spielangebote, die Ihre Katze ganz selbstständig ohne Ihr Beisein wahrnehmen kann. Falls die Katze über mehrere Stunden allein bleiben muss, bietet es sich an ihr eine Beschäftigungsmöglichkeit zu präsentieren. Im Zoofachhandel sind natürlich viele entsprechende Angebote zu finden. Aber auch mit haushaltsüblichen Gegenständen können Sie Ihrer Katze die ein oder andere Beschäftigungsmöglichkeit zaubern:

- Aus einem großen Karton und Heu, Laub oder zerknüllter Zeitung lässt sich ein aufregender Spielkarton herrichten.
- Aus kleineren Pappkartons lässt sich ein Katzentunnel basteln, der als Versteck und „Tobeort“ dient.
- An einem Holzbrett können Sie Klopapierrollen, Seile, Kästchen, Bürsten und Ähnliches befestigen – Ihre Katze wird große Freude am Austesten haben!
- Mit einigen Regalbrettern, kleinen Leitern und Ähnlichem kann eine Kletterlandschaft bis zur Zimmerdecke an der Wand errichtet werden. Hier kann ein wahrer „Catwalk“ entstehen.
- Mit einigen an Sisal festgebundenen Federn können Sie ein Spielmobile basten. Dies sollte natürlich möglichst stabil sein, damit die Katze die Seile nicht abreißt und sich darin verheddert.
- Im Sommer sind in Eiswürfeln eingefrorene Leckerlies eine großartige Beschäftigungsmöglichkeit, die zusätzlich erfrischt.
- Aus leeren Küchenpapierrollen lässt sich ein spannendes Spielzeug basteln. Dazu werden die Küchenpapierrollen gedrittelt und mit Kleber so aneinandergeklebt, dass eine Küchenpapierrollen-Pyramide/Weihnachtsbaum entsteht. Dieses Gebilde kann, an die Wand gehangen oder auf den Boden gelegt und mit Leckerlis befüllt, für langanhaltenden Spaß sorgen.

- Falls Sie einige unterschiedlich große Pappkartons zur Hand haben, können Sie daraus ein Katzenlabyrinth basteln. Dazu werden die Kartons aneinandergeklebt, kleine Eingänge werden ausgeschnitten und das Ganze ist ein idealer Ort zum Verstecken spielen.

Es gibt natürlich noch viele weitere Möglichkeiten die Katze passiv zu beschäftigen und Sie werden sicherlich schnell herausfinden, was Ihrer Katze am meisten Freude bereitet. Denken Sie daran: Eine gesunde Katze ist eine glückliche Katze und Bewegung ist ein essentieller Faktor für langanhaltende Gesundheit!

## Aktive Beschäftigungsmöglichkeiten

Die aktiven Beschäftigungsmöglichkeiten sind all die Aktivitäten, die Sie gemeinsam mit Ihrer Katze in Angriff nehmen. Dabei gibt es ganz verschiedene Arten gemeinsam mit der Katze aktiv zu werden. Zum einen können klassische Katzenspielzeuge wie beispielsweise eine Katzenangel, Bälle oder Ähnliches zum Trainieren des Jagdverhaltens eingesetzt werden. Sobald Sie merken, dass Ihre Katze beginnt zu spielen oder Langeweile zeigt, können Sie einsteigen und ihr das gemeinsame Spiel anbieten. Es wird wohl kaum eine Katze geben, die vor Begeisterung nicht gleich angerannt kommt. Sie können die Katze auch von sich aus zum Spielen auffordern, vorausgesetzt, sie hält nicht gerade eines ihrer zahlreichen Mittagsschläfchen.

Weitere Beschäftigungsmöglichkeiten für und mit Ihrem Stubentiger und wie diese aussehen können führe ich Ihnen in den nachfolgenden Kapiteln zur Erziehung Ihrer Katze auf. Die dort aufgeführten Tipps und Tricks zum gemeinsamen Spiel bieten nämlich eine optimale Grundlage für Trainingseinheiten und somit für die erfolgreiche Erziehung Ihres Schmusers.

# Kapitel 9: Die Katzenerziehung – eine Bindung zwischen Mensch und Tier aufbauen

Katzen sind von Natur aus sehr angenehme Mitbewohner: Sie mögen es gerne sauber, sorgen ausreichend für ihre eigene Körperhygiene, gehen praktischerweise auf die Toilette, schlafen viel, sind leise und mit ein wenig Glück für Kuscheleinheiten zu haben. Warum also eine Katze noch großartig erziehen?

Früher hatten die Katzen in Haus und Hof eine ganz klare Aufgabe – so viele Mäuse und Ratten erledigen wie nur möglich. Die meisten Katzen wurden von dieser Aufgabe befreit und ihre hauptberufliche Tätigkeit ist das Katzen-Dasein an sich. Das kann ganz schön langweilig werden. Wie Sie im letzten Kapitel bereits erfahren haben, lassen besonders junge Katzen diese Langeweile in Form von Kratzspuren, Pinkel-Attacken und wagemutigen Indoor-Abenteuern aus, was unserem Mobiliar nicht immer guttut. Und selbst wenn die

Katze keine „sichtbare“ Langeweile hat, freut sie sich in der Regel doch über ein wenig körperliches und geistiges Training.

Zudem müssen sich Katzen nun mit äußerst „unnatürlichen“ Facetten unseres menschlichen Alltags auseinandersetzen: Der Mixer, der Staubsauger, der Föhn, laute Kinder, viele Kinder, ein lautes Kind, kleine und große weitere tierische Mitbewohner, lebendiges Futter in Käfigen, Tabuzonen, Butter auf dem Tisch, Reisen, Besuch von Menschen und anderen Katzen, Zierpflanzen, schöne Möbel und vieles mehr. Das kann so manche Katze schon einmal überfordern und wir helfen ihr mit der Hilfe des Clickertrainings im menschlichen Dschungel zurechtzukommen. Diese Form von „aktiver Erziehung“ stärkt die Beziehung zwischen Mensch und Tiger, hält den Tiger (und den Mensch) geistig fit und sorgt nebenbei auch für ein wenig Bewegung. Ihre Katze ist außer Rand und Band? Sie wünschen sich eine intensivere Bindung zu ihrem Flauschball? Oder muss die ein oder andere schlechte Angewohnheit Ihrer Katze verschwinden? Dann ist Katzenerziehung die Lösung!

## Eine junge Katze richtig eingewöhnen

Wie Sie Ihrer Katze einen guten Start in Ihrem zu Hause ermöglichen, habe ich Ihnen bereits eingangs erklärt. Nun möchte ich aber nochmal auf Kitten eingehen, denn eine junge Katze richtig einzugewöhnen ist etwas Besonders, aber eigentlich gar nicht so schwer. Um Ihre kleine Katze nicht zu überfordern, bietet es sich an, im zweitägigen Rhythmus neue „Lektionen“ einzuführen. Dabei sollte die erste Lektion sein, wie die Kleine das Katzenklo zu benutzen hat, falls sie es noch nicht weiß. In der Regel bekommen kleine Katzen von ihrer fürsorglichen Mama beigebracht, was es mit dem seltsamen Kasten mit Buddeleinlage auf sich hat und übernehmen dieses Verhalten problemlos. Und falls es bei Ihrem Zuwachs doch ein wenig mit dem Gang zur Toilette hapern sollte, dann probieren Sie ein anderes Streu, eine offene oder geschlossene Katzentoilette, einen ruhigeren Ort für die Katzentoilette und das Aufstellen einer weiteren Katzentoilette aus.

Pro Katze sollte es mindestens eine Katzentoilette geben, je nach Vorlieben der Katze auch zwei, denn nicht alle Katzen möchten ihr großes und kleines Geschäft in ein und derselben Katzentoilette verrichten oder ihre Toilette mit Artgenossen teilen. Bei kleinen Katzen hilft es manchmal schon die großen Geschäfte, die neben die Toilette gehen, in die Katzentoilette zu legen, damit die Katze diesen Ort mit dem entsprechenden Geruch verbindet. Bei langfristigen Problemen mit der Stubenreinheit kann ein Tierarzt mögliche gesundheitliche Beeinträchtigungen als Ursache herausfinden.

Besonders junge Katzen sind allzeit bereit für Spaß und Action, benötigen aber genauso viel Ruhe zum Verarbeiten der vielen neuen Eindrücke. Gönnen Sie ihr diese Ruhe, um von der guten Laune eines ausgeglichenen kleinen Mitbewohners zu profitieren.

An Tag drei und vier könnte die Katze die anderen im Haus lebenden Tiere kennenlernen, falls dies nicht sowieso durch die große Neugierde geschehen ist. Die sich noch fremden Tiere sollten nicht allein gelassen werden, sondern beim Kennenlernen von Ihnen begleitet werden. Junge Katzen und Katzen bis zum mittleren Alter lieben es zu raufen, zu balgen, aufzulauern und ihre Katzenfreunde wo es nur geht zu erschrecken. Lassen Sie ihren pelzigen Mitbewohnern Raum zum Spielen, auch wenn diese Spiele für uns Menschen manchmal etwas brutal aussehen. Solange kein Tier ernsthaft verletzt wird, handelt es sich hierbei um völlig normale Spielereien, durch die die jungen Kätzchen Sozialverhalten kennenlernen und eine Hierarchie festlegen. Und falls es doch mal zu ernst wird, nicht unbedingt selbst zwischen die kämpfenden Tiere gehen. Das könnte zu ernsthaften Verletzungen führen, falls die ein oder andere ausgefahrene Kralle in Ihre Richtung ausrutscht. Ein lautes Geräusch, ein in der Nähe landendes Kissen oder ähnliche Hilfsmittel sind da meistens die bessere Lösung.

An den Tagen fünf und sechs kann die kleine Katze nun ihr Spielzeug-Arsenal kennenlernen. Sie kennt sich mittlerweile schon gut in ihrer neuen Umgebung aus, hat den dort vorherrschenden Rhythmus und die dort lebenden Mitbewohner kennengelernt und ist somit bereit für neue Eindrücke. Besonders junge Katzen haben einen sehr ausgeprägten Spieltrieb, was Sie perfekt dazu nutzen können, die Beziehung zum Neuankömmling durch Spiele zu intensivieren.

Nach einigen Wochen ist Ihre Katze sicherlich bereit, um den Gebrauch der Katzenklappe zu lernen. Hierbei benötigen wir keine magischen Künste oder ausgefeilte pädagogische Techniken, sondern einfach nur eine neugierige Katze und ein vor den Augen der Katze auf der anderen Seite der Katzenklappe drapiertes Leckerli.

Und wie geht es weiter? Das hängt davon ab, was Sie Ihrer Katze noch alles beibringen möchten... Es erwarten Sie in den nächsten Kapiteln einige Anregungen!

## Eine scheue Katze in die Familie integrieren

Bei scheuen Katzen gibt es Einiges zu beachten, was die Integration in Ihre Familie vielleicht erschwert. Katzenbabys sind in der Regel alles andere als scheu und wollen die Welt am liebsten im Sturm erobern. Nehmen Sie hingegen eine ausgewachsene Katze bei sich auf, könnte diese durchaus mit Anpassungsschwierigkeiten zu kämpfen haben. Aber scheuen Katzen kann geholfen werden und das sollte es auch, denn die Scheue abzulegen, bedeutet auch Stress zu vermindern. Am liebsten würden Sie natürlich Ihren flauschigen Schützling sofort in die Arme schließen, aber scheue Katzen können Sie nur mit viel Geduld, Liebe und wachsendem Vertrauen aus der Reserve locken. Vielleicht hat die Katze bereits schlechte Erfahrung mit Menschen gemacht, also geben Sie ihr so viel Raum und Zeit, wie nur möglich, damit die Katze wieder Vertrauen zu Ihrer Umgebung aufbauen kann.

Für scheue Katzen ist es besonders wichtig, sich gut verstecken zu können, um so aus sicherer Entfernung das geschäftige Treiben in der häuslichen Umgebung beobachten zu können. An diesen Ruhezonen sollte die Katze auch unter keinen Umständen gestört werden. Kommt die Katze neugierig aus ihrem Versteck gekrochen, kann sie mit einem Leckerli belohnt werden. Lassen Sie die Katze ihr neues Revier in aller Ruhe erkunden, lassen Sie sich von oben bis unten beschnuppern und vermeiden Sie zunächst hektische Bewegungen in der

Nähe des scheuen Tieres.

Sobald die Katze mit ihrer Umgebung ein wenig warm geworden ist, können erste vorsichtige Streicheleinheiten oder Spiele ausprobiert werden. Achten Sie dabei genau auf die Körpersprache Ihres Lieblings, damit Sie wissen, wann es Zeit für den Rückzug ist! Die Begegnungen zwischen Ihnen und Ihrer scheuen Katze sollten bestenfalls positiv enden und nicht etwa mit einem ängstlichen Rückzug durch die Katze – denn der Abschluss einer Begegnung bleibt der Katze besonders gut im Gedächtnis. Der nachfolgende Rat eignet sich für scheue Katzen, denn er bietet ihnen die Entspannung, die sie brauchen, um sich gelassen auf ihre neue Familie einzustellen.

**Bachblütentropfen für scheue Katzen**

Vor allem Fans der alternativen und natürlichen Medizin greifen bei ängstlichen, scheuen oder angespannten Katzen auf Bachblüten zurück. Vor allem die Notfall Bachblüten-Tropfen werden von Katzenbesitzern und Tierärzten gerne bei scheuen Katzen zur Unterstützung der Eingewöhnung gegeben. Natürlich kommen die Bachblüten auch bei vielen anderen Katzen-Problemen zum Einsatz, beispielsweise beim Möbelkratzen, Unruhezuständen oder Unreinheit. Sie können die Bachblüten also auch anwenden, wenn Ihr Stubentiger erst im Laufe der Zeit aufgrund von Traumata oder Krankheit Unruhezustände entwickelt, aber...

**Vor der Gabe von Bachblütentropfen muss immer ein Tierarzt konsultiert werden. Außerdem sollten Bachblütentropfen für Katzen stets alkoholfrei sein!**

## Langeweile bei Katzen erkennen

Auf dieses Thema sind wir bereits eingegangen. Dennoch dient es auch als Basis im Bereich der Erziehung und ich widme ihm deshalb nochmal meine Aufmerksamkeit.

Katzen äußern ihre Langeweile auf ganz individuelle Art und Weise. Je besser Sie Ihre Katze kennen, desto eher können Sie ihre Langeweile erkennen. Möbelkratzen, wildes in der Wohnung „Herumrennen", Miauen am Fenster, ständiges Hinterherrennen, klagendes Miauen, Erledigung kleiner und großer Geschäfte außerhalb der Toilette, waghalsige Kletterversuche auf Möbel und das Zerkauen von Gegenständen können darauf hinweisen, dass Ihre Katze Langeweile hat. Falls Freilauf keine Option für Sie und Ihre Katze ist, können Sie Ihrer Katze mit Clickertraining einige Tricks beibringen. Das fordert Ihren flauschigen Mitbewohner geistig und sorgt für Abwechslung im offensichtlich langweiligen Alltag.

Sie können auch mit der Hilfe Ihres Stubentigers ein „Fummelbrett" aufbauen. Dazu nehmen Sie sich ein Brett mindestens in Katzengröße und nageln und kleben allerhand Sachen darauf. Nach oben hin geöffnete Plastikgläser, Klopapierrollen, Kästchen mit Klappen, kleine Täschchen, Rohre, Seile, Stangen, Eierschachteln, Sandspielzeug und ähnliche Dinge ergeben ein wunderbar interessantes Fummelbrett für die Katze, in dem Sie bei Katzenlangeweile ein paar Leckerlis verstecken können. Wahrscheinlich ist schon das Zusammenbauen eine aufregende Situation für Ihre Katze. Sie können das Fummelbrett auch gemeinsam mit Ihrer Katze benutzen oder mit Katzenminze bestücken und somit für eine interessante gemeinsame Zeit sorgen. In den folgenden Kapiteln finden Sie noch einige weitere Anregungen für einen aufregenden und fordernden Katzenalltag.

Auch ein großer Karton kann eine prima Ablenkung sein. Den Karton mit trockenem Herbstlaub, frisch gemähtem Rasen, Zeitungsschnipseln, Papierstreifen aus dem Reißwolf, Tischtennisbällen oder ähnlichem füllen und einfach in die Nähe der Katze stellen. Schon sehr bald wird die Katze sich vor Neugier nicht mehr retten können, den Karton zunächst beschnuppern und dann mit einem gewagten Sprung ins Abenteuer starten. Hier müssen Sie jetzt nicht mehr viel machen, außer dem geschäftigen Treiben zuzusehen und das Vergnügen danach wieder aufräumen.

Einige Spiele für den Sommer können Sie Ihrer Katze mit Wasserbomben-Ballons, einem Eiswürfelbehälter, leeren Teelichtschalen, einigen Leckerlis und einer großen Schüssel Wasser herrichten. Dazu befüllen Sie Wasserbombenballons mit Wasser, lassen Sie einige Stunden im Gefrierfach einfrieren und schneiden anschließend die Ballonhülle ab. Die so entstandenen Eisbälle lassen sich prima durch eine Schüssel schubsen und abschlürfen!

Eine ganz ähnliche Variante des Sommerspiels lässt sich mit Eiswürfel-Leckerlis kreieren. Dazu geben Sie einige Leckerlis in die Fächer des Eiswürfelbehälters, füllen diese mit Wasser auf und geben das Ganze für einige Stunden ins Gefrierfach. Auf den so entstandenen kleinen gefrorenen Leckerli-Portionen lässt es sich prima herumkauen und knabbern.

Ein weiteres Spiel für den Sommer ist eine große Schüssel mit Wasser zu füllen, leere Teelichtschalen auf das Wasser zu stellen und diese mit Leckerlis zu befüllen. Ihre Katze wird das sehr schnell erschnuppern und einige Zeit damit beschäftigt sein die Köstlichkeiten sicher ans trockene Ufer zu bringen.

# Kapitel 10: Clickertraining, Targettraining und Agility - so funktioniert's

Das Clickertraining ist alles andere als kompliziert. Zunächst überlegen Sie sich ein eindeutiges Signal, wie Clickern, Schnalzen oder ähnliches. Bestenfalls ist das akustische Signal auffällig, kommt sonst nicht im Alltag der Katze vor und jagt der Katze keinen Schrecken ein.

Es ist für den Erfolg des Clickertrainings grundlegend wichtig, dass Sie bei einem akustischen Signal bleiben, damit die Kommunikation für die Katze glasklar ist und bleibt! Die zweite Komponente des Clickertrainings ist eine Art der Belohnung. Dies kann ein Leckerli, ein Spielzeug oder ähnliches sein, also eine besondere Sache für Ihre Katze. Ich empfehle das Clickertraining mit einem Leckerli, da dies für die allermeisten Katzen der beste Anreiz zum Training ist.

## Schritt eins des Clickertrainings – der Spaß beginnt

So nun stehen das akustische Signal und die Leckerlis für das Clickertraining bereit und es geht an die Konditionierung. Nun setzen Sie sich zu Ihrer Katze und warten darauf, dass sie Ihnen ihre Aufmerksamkeit schenkt. Hoffentlich lässt sie Sie nicht allzu lang zappeln... Sobald Ihre Katze Sie ansieht, präsentieren Sie das akustische Signal direkt gefolgt von einem Leckerli. Das Leckerli darf aber erst auf dem Radar der Katze erscheinen, wenn es Zeit für die Belohnung ist, denn schließlich soll der Fokus der Katze auf Ihnen und nicht auf den Leckerlis liegen. Nach einiger Zeit wird der Tiger Sie wieder neugierig ansehen und natürlich bieten Sie ihm zunächst das akustische Signal, gefolgt von einem Leckerli. Möglicherweise lässt sich Ihre Katze nicht sofort von Ihrer Begeisterung für das Clickertraining mitreißen und bleibt nicht unbedingt direkt still vor Ihnen sitzen. Das legt sich mit der Zeit, denn auch der wildeste Tiger begreift ganz schnell, dass es hier jede Menge schnell verdiente Leckerlis abzustauben gibt.

So weit so gut, aber nach wahrscheinlich kurzer Zeit wird Ihre Katze nur noch eins im Kopf haben: Das Leckerli. Vielleicht wird sie auf Sie klettern und unruhig werden – die Konzentrationsspanne ist vorbei. Also ist es Zeit für eine Pause. Je nach Motivation und Intelligenz der Katze kann es einige Anläufe brauchen, bis sie verstanden hat, dass das akustische Signal und die köstliche Belohnung zusammengehören. Es schadet also nicht diesen ersten Schritt einige Tage lang zu wiederholen, bis wirklich alles fest im Gehirn der Katze verankert ist, denn nur dann ist sie für den nächsten Schritt bereit!

Ganz wichtig ist, dass wenn die Katze einfach keine Lust mehr auf das Clickertraining hat (oder satt ist...), dann seien sie zufrieden mit der Leistung und beenden das Training. Die Katze soll schließlich nicht zum Training gezwungen werden, dann würde ihr Interesse am Clickertraining schneller verschwinden als ein Leckerli in ihrem Mäulchen. Clickertraining muss für Katze und Mensch Spaß machen und darf nicht zur Belastung werden!

**Das Wichtigste im Überblick**

Wichtig ist, dass Sie als Trainer keine Fehler machen, damit der Lernprozess bei der Katze optimal verläuft und keine allgemeine Verwirrung entsteht. Dazu hier die wichtigsten Punkte des Clickertrainings in kurzer Form, bevor wir zu Schritt zwei des Clickertrainings übergehen:

- Absolut essentiell ist, dass möglichst wenig Ablenkung für die Katze beim Clickertraining besteht. Je weniger Trubel um sie herum ist, desto besser kann sie sich auf Sie und das Clickertraining konzentrieren.
- Das Leckerli darf erst in Sichtweite der Katze gelangen, wenn es auch verspeist werden darf. Der Fokus soll auf Ihnen als Trainer liegen und nicht auf dem Futter – Timing ist beim Clickertraining alles! Das Leckerli wird von Ihnen als Trainer verteilt und nicht von der Katze autonom in Beschlag genommen!
- Das akustische Signal muss immer von einem primären Verstärker (Leckerli oder ähnliches) gefolgt werden, da sonst die Konditionierung nicht funktioniert.

- Lassen Sie es ruhig angehen! Sobald der Stubentiger keine Motivation mehr hat und die Konzentrationsleistung überschritten ist, ist das Training beendet. Gerade zu Beginn des Trainings kann dies schon nach 5-15 Clicks der Fall sein. Ideal ist es schon kurz vor dem einsetzenden Desinteresse das Clickertraining abzubrechen. Dazu müssen Sie Ihre Katze natürlich gut kennen und vielleicht schon ein oder zwei Clickertraining-Einheiten absolviert haben.

## Schritt zwei des Clickertrainings – Unerwünschte Verhaltensweisen der Katze durch erwünschte Verhaltensweisen ersetzen

Der zweite Schritt im Clickertraining ist nun der Schritt, in dem wir unsere Katze „erziehen", denn die Vorbereitungen für das echte Training sind mit Schritt eins abgeschlossen. Das akustische Signal steht nun als akustische Ankündigung für die Belohnung mit einem Leckerli. Das eröffnet Ihnen ganz neue Chancen, denn durch ein akustisches Signal wird die Belohnung stark vereinfacht.

Falls Ihre Katze ein unerwünschtes Verhalten zeigt – beispielsweise das Krallen schärfen am antiken Kleiderschrank – dann nützt es in der Regel wenig die Katze durch Schimpfen von ihrem Vorhaben langfristig abzuhalten. Der Tiger hat Bedürfnisse und die wird er ausleben, ganz egal wie blöd der Schrank danach aussieht. Aber wir haben die Möglichkeit der Katze beizubringen, dass sie für das Kratzen am Kratzbaum bei uns Punkte sammelt und sie selbst dadurch Leckerlis bekommt. Sehen Sie sich die störenden Verhaltenspunkte Ihrer Katze also ganz genau an und schaffen Sie eine für die Katze gute alternative Bedürfnisbefriedigung, die Sie ihr dann durch das Clickertraining näherbringen.

Wir bleiben beim zerkratzten Schrank. Im Idealfall ist der Kratzbaum eine Neuanschaffung und dementsprechend noch interessant für die Katze. Alternativ tut es auch ein kleines Kratzfeld für Katzen, das Ihre Katze noch nicht kennt. Sie setzen sich zu Ihrer Katze auf den Boden, stellen die Kratzmöglichkeit in die Nähe und belohnen Ihre Katze mit einem akustischen Signal und einem köstlichen Signal, sobald sie die Kratzmöglichkeit nur ansieht! Ganz wichtig ist, schon den ersten Blick in die richtige Richtung wahrzunehmen und blitzschnell zu belohnen. Für jeden Blick zur Kratzgelegenheit und jeden Schritt in Richtung Kratzgelegenheit wird die Katze von Ihnen nun mit einem akustischen und kulinarischen Signal belohnt. Schritt für Schritt steigern Sie nun die Anforderung. Wenn die ersten fünf Clicks der Blick in die richtige Richtung war, ist der sechste Click das intensive Schnuppern in Richtung Kratzmöglichkeit. Vielleicht ist Ihre Katze auch so neugierig und forsch und macht direkt einen Schritt in Richtung Kratzmöglichkeit. Danach werden mehrere Schritte in Richtung Kratzmöglichkeit belohnt, ein Samtpfötchen auf der Kratzmöglichkeit wird anschließend belohnt und im letzten Schritt wird das Kratzen auf der Kratzmöglichkeit belohnt. Voraussetzung dafür ist natürlich, dass die Katze die Kratzmöglichkeit auch als solche erkennt...

Nach einigen Trainingseinheiten – die Anzahl der Trainingseinheiten für das erfolgreiche Kratzen an der richtigen Stelle ist von Katze zu Katze ganz unterschiedlich – wird die

Katze an der Kratzmöglichkeit ihre Krallen schärfen und von Ihnen dafür ein akustisches Signal und ein Leckerli ernten. Möglicherweise ist hier die Konzentration und das Interesse nach einigen Minuten erschöpft, dafür können Sie mit Ihrer Katze getrost mehrmals täglich üben – je nach Motivation der beiden Teilnehmer. Sie werden aber schon bald merken, wie Ihre Katze dieses Kratzverhalten in ihr Repertoire aufnimmt und der antike Schrank mehr und mehr verschont bleibt. Irgendwann können Sie die Kratzmöglichkeit auch außerhalb der Trainingseinheiten in Reichweite für die Katze stehen lassen, bequem vom Sofa aus akustische Signale senden und ein Leckerli in Richtung Katze werfen. Wichtig ist, dass das „Kratz-Training" von Zeit zu Zeit wiederholt wird, damit die Katze auch bei ihrem gewünschten Verhalten bleibt! Und wenn Sie sich jetzt fragen, ob Sie die Katze zum Zeigen erwünschter Verhaltensweisen erziehen oder die Katze Sie zum Leckerli-Auswurf nach bestimmten Verhaltensweisen, dann haben Sie sowohl das Clickertraining, als auch Ihre Katze durchschaut.

Falls Sie merken, dass Ihre Katze nervös oder frustriert wird – sie putzt sich, läuft weg oder ähnliches – dann verringern Sie die Anforderungen. Es ist essentiell wichtig, dass das Training mit einer positiven Erfahrung für die Katze endet! Ideal wäre es natürlich, wenn Sie das Training beenden, bevor Ihre Katze frustriert aufgibt oder sich überfordert fühlt.

## Kommunikation durch Handzeichen

Wie wichtig die Kommunikation für ein schönes Zusammenleben ist, wissen Sie bereits. Doch auch für die Erziehung können Sie sie gekonnt einsetzen. Hier erfahren Sie, wie. Die Kommunikation durch Handzeichen ist mein persönlicher Favorit, denn meine Katze schaltet ihre Ohren gerne auf Durchzug, reagiert dafür aber umso besser auf Handzeichen. Ich gehe oft mit meiner Katze auf Reisen, nicht weil sie schon immer die Sphynx in Ägypten bewundern wollte, sondern weil gute Katzensitter zeitweise Mangelware sein können. Dementsprechend muss meine Katze besonders gut in ihrem Katzenkorb zurechtkommen und auch ohne Katzenkorb möglichst nah bei mir bleiben. Auf einer Reise ergab es sich, dass wir an einem vor Vogelgezwitscher nur so dröhnendem Ort residierten und ich sie trotzdem schnell auf Kommando zur mir holen wollte. Alles Rufen war vergeblich, da sie diese verbalen Zeichen bei all dem interessanten Gezwitscher als "ignorierbar“ einstufte. Also trainierten wir zunächst im geschlossenen Raum, wo ich das Kommando „Komm!“ mit einer lockenden Handbewegung verband. Nach ein wenig Training konnte ich das Kommando „Komm!“ sowohl verbal als auch nonverbal anwenden. Diese nonverbale Signal-Kommunikation haben wir später auch auf die Kommandos „Sitz!“ (erhobener Zeigefinger) und „Bleib!“ (Stopp Bewegung) ausgeweitet. Dazu muss Ihre Katze aber schon einige Grundkommandos kennen und optische Signale gut wahrnehmen können, beziehungsweise von alltäglichen Bewegungen unterscheiden können. Auch wenn meine Katze sonst nicht die hellste Kerze auf der Katzentorte ist, das schafft sie – vielleicht Ihre auch?

Nehmen wir nun mal an, Sie möchten, dass Ihre Katze sich idealerweise zunächst auf ihre flauschigen vier Buchstaben setzt, bevor Sie Ihnen das Futter schon versucht aus der Katzenfutter Dose zu klauen noch ehe es eine Futterschüssel berührt hat. Dazu bietet es sich natürlich an, ein einfaches Handkommando einzusetzen. Zur Futterzeit sind die meisten Katzen bereit so ziemlich alles für einen Leckerbissen zu tun, also nehmen Sie sich die Zeit und üben nun vor jeder Raubtierfütterung das nonverbale Sitz-Kommando.

Gehen wir davon aus, Ihre Katze kennt das Kommando „Sitz!" nur aus Ihren Träumen... Sie begeben sich nun in die Fütterungs-Situation, nehmen ein Leckerli zwischen Daumen und Mittelfinger, erheben den Zeigefinger und warten bis ihre Katze sich hinsetzt. Noch während des Setzens sagen Sie „Sitz!" und geben ihr sobald der Katzenpo den Boden berührt das Leckerli. Sobald die Kombination von verbalen und nonverbalem Sitz-Zeichen zum Alltag gehören – das ist von Katze zu Katze unterschiedlich – geht es eine Stufe weiter und Sie fordern, bevor die Katze sich aus eigenen Stücken hinsetzt, das Hinsetzen per kombiniertem Kommando ein.

Ihre Katze wird sich schon bald daran gewöhnt haben und nun den „Sitz"-Ablauf vor der Fütterung verinnerlichen, denn sie kennt das verbale Kommando und hat das nonverbale Kommando schon oft gesehen. Nun lassen Sie das verbale Kommando weg und nutzen lediglich das nonverbale Kommando für Sitz, den erhobenen Zeigefinger. Und siehe da – die Katze sitzt. Und kriegt dafür hoffentlich ein Leckerli!

Diese Art des Trainings lässt sich natürlich auf viele verschiedene Kommandos ausweiten – da sind Ihrer Fantasie keine Grenzen gesetzt. Überlegen Sie doch einmal, welche Art von nonverbalen Kommandos Ihren Alltag mit Katze erleichtern könnten!

## Kommunikation durch verbale Kommandos

Sobald Ihre Katze einige Tricks dank des Clickertrainings auf Lager hat, können Sie Ihrer Katze verbale Kommandos beibringen. Nehmen wir noch einmal das Beispiel der alternativen Kratzmöglichkeit. Sie kramen nun die Kratzmöglichkeit hervor und führen den „Katze-wetzt-Krallen-an-gewünschtem-Objekt-Trick" zweimal durch. Die Katze wird hier von Ihnen wie gewohnt mit einem akustischen Signal und einer primären Verstärkung belohnt. Nun beginnen Sie bei der nächsten Durchführung des Tricks das verbale Kommando zu sagen. In diesem Fall wäre „Kratzen!" wahrscheinlich sinnvoll. Sobald die Katze beginnt zu kratzen, sagen Sie „Kratzen!". Diese Kombination führen Sie einige Male so durch, bevor sie damit beginnen das Kommando „Kratzen!" immer früher zu sagen, bis Sie es schließlich schon vor Beginn des Kratzens aussprechen. Sie sehen, wir kommen der Sache näher. Nach einigen „Kratzen!"-kratzen-Click-Leckerli-Abfolgen, sollte die Katze nun lernen, dass es nur noch eine Belohnung für das Kratzen gibt, wenn auch das verbale Kommando „Kratzen!" gesagt wird. Dazu lassen Sie ab und zu das Kommando „Kratzen!" weg und belohnen das Verhalten Ihrer Katze nicht. So wird sie sich schnell (ok, vielleicht auch langsam) daran gewöhnen, dass das verbale Kommando ausschlaggebend ist.

Jetzt kommt der Clou: Beim Kratzen-Training kratzt die Katze höchstwahrscheinlich nicht sehr intensiv an der Kratzmöglichkeit, sondern schiebt ihre Pfötchen nur ein wenig hoch und runter. Das ist völlig ok. Wenn sie jetzt aber beim nächsten Mal den antiken Schrank als Gelegenheit zur Krallenschärfung in Betracht zieht, dann packen Sie ganz fix die alternative Kratzmöglichkeit aus und gehen ins Kratz-Training mit dem entsprechenden verbalen Kommando. Da diese Form des Trainings ein wenig komplex ist, sollten Trainer und Katze schon ein eingespieltes Team sein.

Die Katze kann auf ganz ähnliche Weise darauf trainiert werden auf ihren Namen zu hören. Dazu wird einfach immer geclickt und ein Leckerli gegeben, wenn die Katze freiwillig zu Ihnen kommt. Sie wird wahrscheinlich zu Beginn ein wenig verwirrt sein und Sie fragend anschauen „Wieso clickerst du jetzt? Was habe ich richtig gemacht? Na, egal, Hauptsache Leckerli!". Schon sehr bald wird Ihre Katze sehr viel häufiger zu Ihnen gerannt kommen, in der Hoffnung auf Leckerlis – und die sollte sie auch kriegen! Jetzt geht das Training in die nächste Runde und sobald Sie das Trippeltrappel der kleinen flauschigen Pfötchen hören und die Katze zu Ihnen gelaufen kommt, rufen Sie „Kaaatze/Name, kooohoomm!". Der Trick ist wie beim Kratz-Kommando der, dass das verbale Kommando immer früher eingesetzt wird, bis die Katze letztendlich nur noch dann belohnt wird, wenn zuerst das verbale Kommando ertönt und sie daraufhin angerannt kommt.

Falls Sie bisher mit dem Gedanken gespielt haben Ihre Katze zu tadeln und dabei vielleicht sogar ihren Namen verwenden, lassen Sie das ab jetzt. Die Katze soll mit Ihrem Namen etwas

Positives verbinden, also ist der Gebrauch des Katzennamens beim Schimpfen tabu. Wer schimpft, stößt bei Katzen sowieso auf taube Öhrchen... Sobald das „Komm!"-Kommando sitzt, können Sie mit Ihrer Katze Gassi gehen oder verstecken spielen. Suchen Sie sich zum Verstecken spielen ein gutes Versteck aus und rufen Sie Ihre Katze anschließend. Ihre Katze wird Ihrer Stimme folgen und Sie suchen! Besonders junge Katzen haben großen Spaß am Verstecken spielen.

## Das Targettraining – besonders praktisch für unterwegs

Das Clickertraining lässt sich auch auf das Targettraining ausweiten. Beim Clickertraining müssen wir ja sonst darauf warten, dass die Katze das gewünschte Verhalten zeigt, damit wir brav akustisch und kulinarisch belohnen dürfen. Beim Targettraining ist das Ziel mithilfe eines Targetstabs der Katze zu zeigen, worauf unser Fokus liegt. Voraussetzung für den Erfolg des Targettrainings ist natürlich das zuvor erlernte Clickertraining!

Für das Targettraining gibt es Targetstäbe mit eingebautem Klicker. Dies gehört nicht unbedingt zum unverzichtbaren Equipment, denn auch mit einem Kochlöffel, einem Pinsel oder ähnlichem und dem zuvor genutzten akustischen Signal funktioniert das Targettraining einwandfrei. Das Ziel ist es, der Katze beizubringen die Spitze des Targetstabs mit der Nase zu berühren und dem Targetstab so letztendlich zu folgen. Dies ist für Kunststücke, Spaziergänge, Arztbesuche und Reisen eine wertvolle Fähigkeit. Ich konnte meiner Katze durch das Targettraining beibringen, welcher Weg vom Garagendach herunter führt – manchmal haben Katzen einen größeren Entdeckungstrieb als Intelligenzquotienten.

**Und so funktioniert das Targettraining:**

Zunächst wird die Katze mit einem akustischen Signal und einem Leckerli belohnt, sobald sie in die Richtung des Targetstabs guckt. Nach und nach soll sie sich dann dem Targetstab annähern und ihn letztendlich mit der Nasenspitze leicht berühren. Hier wird bei jedem Fortschritt geklickert und mit einem Leckerli belohnt. Möglicherweise benötigt Ihre Katze mehrere Trainingseinheiten, um den Targetstab mit der Nase zu berühren – das ist völlig ok, gehen Sie immer mit dem Lerntempo Ihrer Katze mit. Im nächsten Schritt wird dann eine etwas längere Berührung des Targetstabs belohnt und anschließend wird die Verfolgung des Targetstabs belohnt. Nun haben Sie ein Instrument geschaffen, dem die Katze freiwillig mit ihrem Schnäuzchen folgt.

Jetzt können Sie der Katze beibringen, sich um die eigene Achse zu drehen, Männchen zu machen, einem Parcours zu folgen, durch einen Reifen zu springen oder mit ihnen eine Runde um den Block zu gehen. Auch das Klettern in die Transportbox und aus ihr heraus sollten ab jetzt kein Problem mehr darstellen. Zudem lohnt sich die Einführung eines speziellen Pfotentargets. Die Voraussetzung für das Gelingen hier ist, dass sich das Pfotentarget optisch vom Nasentarget unterscheidet.

**Vom Targetstab auf die Hand umsteigen**

Klar, der Targetstab ist schon eine sehr praktische Sache, aber was ist praktischer als ein Targetstab? Die eigene Hand.

Um die Katze vom Targetstab auf die eigene Hand umzugewöhnen, bedarf es nur ein wenig Geduld. Bei jeder Target-Trainingssession fassen Sie den Targetstab ein wenig kürzer, bis Sie mit der eigenen Hand ganz vorne an der Spitze angelangt sind. Im Alltag ist natürlich das Zeigen mit dem ausgestreckten Zeigefinger günstig, also warum nicht die Katze an den ausgestreckten Zeigefinger gewöhnen. Sobald Sie und Ihre Katze sich an die Kombination Targetstab-Zeigefinger gewöhnt haben, kann der Targetstab auch weggelassen werden und ihr ausgestreckter Zeigefinger ist somit zum Targetstab geworden. Nun können Sie Ihrer Katze mit Zeigen deutlich machen, wo ihre Aufmerksamkeit und ihr flauschiger Katzenkörper hinwandern sollen.

## Katzen Agility – So wird es zu Hause garantiert nicht langweilig

Ganz besonders Stubenhocker freuen sich über kleine Herausforderungen und da kommt der neueste Trend Katzen Agility gerade recht. Sofern Ihr Liebling schon ein wenig Clicker- und Target-Erfahrung hat, ist er bereit für das Katzen Agility! Zum Katzen Agility benötigen Sie ein paar Hindernisse für Ihre Katze. Professionelles Equipment lässt sich schon für einige Euro im Internet erstehen, aber auch normale Haushaltsgegenstände eignen sich für das Katzen Agility hervorragend.

**Wie wäre es mit:**

- Vollen Wasserflaschen zum Slalom laufen (leere Wasserflaschen könnten umkippen und die Katze erschrecken)
- Ein Hula-Hoop-Reifen zum Durchspringen
- Zwei Blumentöpfe und ein Brett als Brücke
- Eine Treppe aus Büchern
- Ein Spieltunnel zum Durchschlüpfen
- Mit Teppich bezogene Holzbretter als Rampen
- Kleine Vorhänge zum Durchstreifen

Hier sind Ihrer Fantasie als Agility Trainer keine Grenzen gesetzt. Wichtig ist, dass die Katze sich nicht verletzen kann und alle Trainingsgeräte sicher aufgebaut sind.

Aus verschiedenen Haushaltssachen können Sie Ihrer Katze nach und nach einen großen Parcours aufbauen. Beginnen Sie mit einer Übung, die einer ans Target-Training gewöhnten

Katze leichtfallen dürfte: Slalom laufen.

Hierfür stellen Sie drei oder vier volle Flaschen in kleinen Abständen auf den Boden und führen Ihre Katze mit Hilfe des Targetstabs zwischen den Flaschen hindurch. Für gute Leistungen sollten Sie natürlich ordentlich Clickern und die Katze mit Leckerlis belohnen! Die restlichen Parkour Hindernisse kann Ihre Katze auf dieselbe Weise kennenlernen. Sobald Ihre Katze sich an ein Hindernis gewöhnt hat, kann das nächste Hindernis dazu aufgebaut werden. Möglicherweise ist dies ein Prozess von mehreren Wochen, also mit viel Geduld an die Sache rangehen, lohnt sich.

**Gerüche einsetzen, denen die Katze nicht widerstehen kann**

Katzen haben ein unglaublich gutes Riechorgan. Möglicherweise konnten Sie schon einmal beobachten, dass Ihre Katze bei besonders interessanten Gerüchen ihren Mund leicht öffnet und dabei recht lustig aussieht. Im Mund Ihrer Katze liegt das Jacobson´sche Organ, mit dem die Katze sehr genau riechen kann. Bei interessierten Katzen wird der Duft also auch durch den geöffneten Mund intensiv wahrgenommen. Und diese Sensibilität können Sie auch durchaus zur Katzenerziehung nutzen, indem Sie mit verschiedenen Gerüchen arbeiten.

Ein Knüller bei fast allen Katzen ist Katzenminze, Baldrian und Vanille. Davon ein wenig auf dem neuen Kratzbrett verteilen und schon kann Ihre Katze dem Kratzbrett einfach nicht mehr widerstehen. Der Einsatz dieser Düfte ist besonders effektiv, wenn gleichzeitig aktiv trainiert wird. Beispielsweise soll die

Katze ihren Lieblings-Schlafplatz im Kleiderschrank aufgeben und sich eher auf ihr Katzenkörbchen konzentrieren. Eine Mischung aus unangenehmen Zitrusduft im Schrank, Clickertraining und angenehmen Duft im Katzenkörbchen ist besonders vielversprechend.

Aber auch hier kann es sein, dass Ihrer Katze das völlig am... Riechorgan vorbeigeht. Besonders störrische Stubentiger lassen sich von ein wenig Duft selten beeindrucken!

**Störende Geräusche und Oberflächen gezielt einsetzen**

Eine recht forsche Gastkatze hat mich den Trick mit störenden Geräuschen und Oberflächen einmal austesten lassen. Die phänomenale Lieblingsbeschäftigung dieser Katze war es mit einem Satz auf den Kühlschrank zu springen und die dort stehenden Lebensmittelpackungen anzukauen. Klar, hätte ich die Verpackungen auch einfach woanders lagern können, aber besonders bei langfristigen Mitbewohnern ist es einfacher ein paar Grenzen aufzuzeigen, statt alle möglichen Störfaktoren versuchen zu beseitigen. Ich habe mich in dieser Situation dafür entschieden einige Stifte, Münzen und Murmeln auf dem Kühlschrank zu positionieren, die die Katze natürlich vom Boden aus nicht einsehen konnte. Beim nächsten gewagten Sprung auf den Kühlschrank erschreckte sie sich vor dem dort wartenden Chaos, sprang sofort wieder vom Kühlschrank herunter und das Thema Kühlschrank hatte sich bis auf Weiteres erledigt.

Alufolie, Münzen, Stifte, Lego, Gummifolie, Holzklötzchen, zusammengeknülltes Papier, Perlen und ähnliches kann die

Katze durchaus davon abhalten sich an einem bestimmten Ort wohlzufühlen. Dazu arrangieren Sie Ihr „Abwehr-Chaos“ so, dass die Katze dies nicht sieht und eher von diesem „Abwehr-Chaos“ überrascht wird, sobald sie wie gewohnt auf den Küchentisch, den Schuhschrank oder ähnliches springen möchte. Andernfalls könnte Ihre Katze Ihnen beim Basteln helfen wollen und wird sich dementsprechend keinesfalls später vor dem Chaos erschrecken.

Achten Sie darauf, dass die Katze sich an den Gegenständen nicht verletzen kann, sondern sich im Idealfall nur ein wenig erschreckt und somit den Ort ab jetzt meidet. Manche Katzen benötigen mehrere Chaos-Hindernisse, um einen Platz in die Liste der Tabuzonen aufzunehmen. Also bleiben Sie hartnäckig und lassen Sie Ihrer Chaos-Fantasie freien Lauf!

**Kleine Tricks gegen die Langeweile**

Der eigenen Katze Tricks beizubringen ist zwar nicht direkt eine erzieherische Leistung, ist aber durchaus sinnvoll, denn hierbei wird die Beziehung zwischen Mensch und Katze intensiviert und es gibt weniger Raum für Langeweile! Dies sind die idealen Voraussetzungen für ein harmonisches Zusammenleben mit einer rundum glücklichen Katze! Ganz nebenbei sind die meisten Tricks auch eine super Hilfe bei Untersuchungen der Katze oder Medikamentenvergabe.

## „Gib Pfötchen!“

Einer Katze „Gib Pfötchen!“ beizubringen ist auf der Grundlage des Wissens, welches Sie im Verlaufe dieses Buches bereits gesammelt haben, kein Hexenwerk mehr. Zunächst setzen Sie sich zu Ihrer Katze auf den Boden und bieten ihr Ihre ausgestreckte, nach oben geöffnete Hand an. Schaut sie sich Ihre Hand interessiert an, gibt´s einen Click und ein Leckerli. Es wird nicht lange dauern und die Katze kommt interessiert näher und schnuppert an Ihrer Hand – Click und Leckerli! Falls Ihre Katze jetzt nicht schon ihr Konzentrationslimit überschritten hat und wirklich sehr neugierig ist, könnte es durchaus sein, dass die erste zaghafte Bewegung mit der Pfote auf die Hand zu geschieht – Click und Leckerli! Wie Sie wissen, ist Timing beim Clickertraining einfach alles! Sobald Ihre Katze sicher weiß, was bei einer ausgestreckten Hand zu tun ist und ihre Pfote sogar länger auf Ihrer Hand ruhen lässt, können Sie das verbale Kommando mit in das Training integrieren. Wenn Sie jetzt den Pfötchen-Trick üben, sagen Sie während die Katze ihre Pfote auf Ihre Hand legt „Gib Pfötchen!“ – Click und Leckerli. Das verbale Kommando sollte von Mal zu Mal zeitlich eher geschehen, bis Sie letztendlich schon vor dem Heben des Pfötchens „Gib Pfötchen!“ sagen. Sobald die Verbindung von verbalem Kommando und Handlung hergestellt und ausgiebig geübt worden ist, sagen Sie etwa jedes dritte Mal kein „Gib Pfötchen!“ und belohnen das Pfötchengeben Ihrer Katze auch nicht mit Click oder Leckerli. Sie wird sehr schnell merken, dass das verbale Kommando ausschlaggebend ist und sich danach richten. Dies ist jetzt natürlich die Darstellung des Trainings im Schnelldurchlauf.

Eine sehr wissbegierige und trainingserfahrene Katze kann diesen Ablauf an einem Tag lernen, andere Katzen benötigen mehrere Tage dafür. Geben Sie Ihrer Katze die nötige Zeit, bleiben Sie geduldig und beenden Sie das Training immer mit einem positiven Erlebnis!

**High Five geben**

Das High Five Training verläuft ganz ähnlich, wie das „Gib Pfötchen-Training". Zunächst wird der Blick in Richtung der erhobenen Hand mit einem Click und einem Leckerli belohnt, dann das Schnuppern in Richtung der zum High Five erhobenen Hand und anschließend jede noch so kleinste Bewegung in Richtung Hand. Hier kommt es – wie immer – besonders auf Ihr Timing an! Falls Ihre Katze das Kommando „Gib Pfötchen!" schon kennt, wird ihr schnell klar sein, was hier zu tun ist und sie werden vermutlich schon im ersten Trainingsdurchgang Ihr erstes Katzen-High Five ernten.

Sobald Ihre Katze verstanden hat, was die zum High Five erhobene Hand bedeutet, können Sie ein verbales Kommando in den Trainingsablauf integrieren. Wie das funktioniert, wissen Sie bereits.

Ihre Katze beherrscht das High Five geben wie im Schlaf? Wie wäre es dann mit einem High Five mit Sprung? Dazu halten Sie Ihre Hand zum High Five jedes Mal ein wenig höher, bis Ihre Katze schließlich zum Erreichen der Hand springen muss. Falls Sie dieses Kommando mit einem eigenen verbalen Kommando vom High Five unterscheiden möchten, können Sie der Katze ein entsprechendes Kommando beibringen.

## Männchen machen

Das Männchen machen bringen Sie Ihrer Katze leicht mit einem Targetstab bei, den Sie vor Ihrer Katze nach oben führen. Zunächst wird Ihre Katze den Targetstab mit den Augen verfolgen, vielleicht sogar interessiert nachschnuppern und „schwupps" hat sie sich den ersten Click und das erste Leckerli verdient. Sobald Ihre Katze auf Anhieb dem Targetstab so weit nach oben folgt, dass sie in Männchen-Position ist, können Sie das Ganze mit einem verbalen Kommando verknüpfen!

## Der Katze das Apportieren beibringen – Abfolgen eintrainieren

Der erste Impuls beim Apportieren beibringen, ist das Lieblingsspielzeug der Katze durch die Wohnung zu feuern und darauf zu hoffen, dass sie diesem nicht nur hinterherrennt, sondern es auch wieder zu Ihnen zurückbringt. Ja, das kann funktionieren, muss aber nicht. Wesentlich effektiver ist es hier, die Katze von hinten aufzuzäumen und damit zu beginnen das Aufheben des zu apportierenden Gegenstandes durch Clickertraining zu verstärken. Wenn Ihre Katze von der Sorte „Ich gucke erstmal, ob sich das Rennen lohnt" ist, dann können Sie durch das Targettraining den Gang zum geworfenen Gegenstand einstudieren. Dort hebt die Katze dann den Gegenstand idealerweise auf, durch das Targettraining können Sie sie wieder zu sich zurückführen und im letzten Schritt wird das Abgeben des Gegenstandes in die Hand geübt. Beginnen Sie beim Training von Abfolgen immer mit dem schwächsten Glied in der Handlungskette!

Idealerweise sollte der Gegenstand zum Apportieren leicht sein und für die Katze sowohl von der Form, als auch vom Gewicht her gut tragbar sein. Sollte der Gegenstand unbequem im Mund liegen, kann das bei manchen Katzen schon zur Trainingsverweigerung führen.

## Den Besuch beim Tierarzt möglichst stressfrei gestalten

Um einen Besuch beim Tierarzt kommen wohl die wenigsten Katzen drumherum und es gibt einige Tricks, wie Sie Ihrem Liebling den Besuch dort angenehmer gestalten können. Beim Tierarzt werden Katzen an allen möglichen Körperstellen berührt -die meisten Katzen finden das alles andere als lustig und versuchen dieser Situation zu entfliehen. Es ist also umso wichtiger, dass Sie bereits mit Ihrem Jungtier üben sich an Pfoten, Ohren und Bauch anfassen und sich auch mal ins Mäulchen gucken zu lassen.

Dazu kombinieren Sie einfach eine Streicheleinheit mit dem Berühren der Pfoten ganz nebenbei. Hierbei unbedingt darauf achten nicht zu aufdringlich zu sein, das könnte kontraproduktiv sein. Aber ein sanftes Streicheln über die Öhrchen, das beiläufige Untersuchen eines Pfötchens und schon bald hat sich Ihr flauschiger Liebling an verschiedene Arten der Berührung gewöhnt.

Klar, es gibt immer Katzen, die auch nach zig „Berührungsversuchen" die Krallen ausfahren oder sich aus dem Staub machen. Falls Ihre Katze ein solch sensibler Fall sein sollte, können Sie Ihr durch das in diesem Buch beschriebene

Clickertraining dabei helfen, ihre Ängste und Abneigungen abzulegen. Sofern Sie sich mit Ihrer Katze nicht zum Tierarzt beamen, sollten Sie Ihre Katze auch an den Transportkorb gewöhnen. Dies funktioniert wunderbar mit Targettraining, was Sie im Laufe dieses Buches ja schon kennengelernt haben. Beim ersten Besuch beim Tierarzt sollten möglichst keine schmerzhaften Behandlungen auf die Katze warten, sodass sie diesen Ort nicht von vorneherein als Ort des Grauens kennenlernt.

## Schmerzhaftes Spielen abgewöhnen

Besonders junge Katzen haben einen unglaublich ausgeprägten Spieltrieb und haben sich noch nicht an die „übertriebene" Schmerzempfindlichkeit ihrer Menschen gewöhnt. Katzen müssen erst lernen, dass wir Menschen unter beißen und kratzen mehr leiden, als die flauschigen Artgenossen. Sie können das Einsetzen des Spieltriebs Ihrer Katze ganz leicht bemerken: Ihre Katze setzt einen leicht irren Blick auf, reißt die Augen auf, packt Ihre Hand mit ihren Vorderpfötchen, beißt herzhaft in Ihre Finger und tritt Sie mit den Hinterpfötchen. Jetzt panisch die Hand wegzuziehen, bedeutet ernsthafte Verletzungen zu riskieren. Die Katze mit einem „Aaaahh nein!" zu erschrecken, kann dazu führen, dass Ihre Katze lieber nicht mehr mit Ihnen spielt.

Bei manchen Katzen hilft es schon, leicht auf die Krallen zu tippen und sobald die Katze ihre eigenen Krallen im Visier hat, forsch „Nein." zu sagen. Falls das Spiel zu ruppig und brutal wird, darf es natürlich auch abgebrochen werden. Alternativ können Sie zum nächstbesten Katzenspielzeug greifen und die

Katze auffordern ihren Spieltrieb am Katzenspielzeug auszuleben. Die Katze wird mit der Zeit merken, wo Ihre Grenzen liegen.

Auch der Liebesbiss einer Katze kann recht schmerzhaft sein, sollte aber möglichst ausgehalten werden. Das leichte Knabbern an Herrchen oder Frauchen ist ein absoluter Liebesbeweis, der leider für den Empfänger ein wenig schmerzhaft sein kann!

# Kapitel 11: Fehler bei der Erziehung: Wo Sie mit Katzenerziehung auf taube Ohren stoßen...

Es gibt einige „erzieherische" Maßnahmen, die bei Katzen nicht wirklich weiterhelfen. In diesem Kapitel finden Sie die häufigsten Fehler bei der Katzenerziehung, die Sie unbedingt vermeiden sollten!

## Fehler Nummer 1: Mit der Katze schimpfen

Machen wir es kurz: Schimpfen funktioniert bei Katzen nicht. Sie wissen sehr genau, was sie dürfen und was nicht und sobald Sie mit erhobenem Zeigefinger und entsprechender Ausstrahlung vor ihrer Katze gehen, denkt sich Ihre Katze „Hm, nö, ich bin dann mal weg." – und weg ist sie. Die Katze für eine Strafpredigt einzufangen bringt... nichts. Das ist ein lustiges Spiel, bei dem Ihre Katze definitiv gewinnt. Sie ist schneller, kleiner, flinker, kann besser klettern und kennt sich mit den örtlichen Gegebenheiten bestens aus. Ständige Moralpredigten haben aber auch eine sehr gravierende negative Folge! Langfristig leidet die Beziehung zwischen Ihrer

Katze und Ihnen erheblich darunter, denn möglicherweise entwickelt die Flauschkugel früher oder später Ängste Ihnen gegenüber. Ängste führen ganz klar zu Stress, Stress führt zu unerwünschtem Verhalten und sogar zu gesundheitlichen Problemen. Am Ende stehen Sie mit mehr Problemen da als vorher. Also bringen Sie positive Vibes in Ihr Zuhause und erziehen Sie mit Liebe!

## Fehler Nummer 2: Mit Futter locken

Ihre Katze soll den neuen Kletterbaum endlich ausprobieren und nun sind Sie auf die Idee gekommen den Futternapf Ihrer Katze auf dem Kletterbaum zu positionieren, damit Ihre Katze das neue Spielzeug endlich mal ausprobiert. Ja, nein, klappt so leider nicht. Ihre Katze wird den Kletterbaum zwar betreten, aber nur weil sie das Futter im Visier hat. Eine ernsthafte Beschäftigung mit dem Kletterbaum findet also nicht statt. Das Locken mit Futter wird „baiting“ genannt und ist leider völlig ineffektiv.

## Fehler Nummer 3: Perfektes Timing, Majestät

Dass Schreien keinerlei positive Wirkung auf Katzen hat, ist bekannt. Gegen ein klares „Nein!“ ist aber natürlich nichts entgegenzubringen und es ist eine tolle Möglichkeit der Katze Ihre eigenen Grenzen verbal aufzuzeigen. Die Katze versucht nun zum x-ten Mal während des Mittagessens auf den Tisch zu klettern? Dann hilft auch mal ein ordentlich strenges „Nein!“. Der Katze ist aufgrund des unmittelbaren zeitlichen Zusammenhangs sofort klar, worum es geht.

Weniger sinnvoll ist es allerdings, ein bereits länger als zwanzig

Minuten zurückliegendes Malheur mit der Katze zu „besprechen". Die Katze hat wieder an den Polstermöbeln gekratzt und Sie haben es erst beim Nachhausekommen nach der Arbeit gesehen? Tja, dann ist der Zeitpunkt für ein strenges „Nein!" vorbei. Genauso hilft es nicht, wenn Sie die Katze für das Kratzen am Kratzbaum belohnen wollen, der Akt aber schon zwei Stunden in der Vergangenheit zurückliegt. Ihre Katze wird Sie etwas verwirrt anschauen und sich ihren Teil denken.

## Fehler Nummer 4: Es ist Zeit für Regeländerungen

Häufige Regeländerungen sind für Katzen extrem lästig, verwirrend und störend. Überlegen Sie sich genau, wie das Zusammenleben aussehen soll und wie Sie dies durch welche erzieherischen Maßnahmen gestalten möchten. Bleiben Sie auf Ihrem Kurs und springen Sie nicht von einem Training zum Nächsten. Kontinuität schafft Vertrauen und stärkt die neuronalen Verbindungen im Gehirn Ihrer Katze. Beim Katzentraining geht es vor allem um Geduld, Neugier und Lernbereitschaft auf beiden Seiten. Wenn Sie Ihrer Katze diese Woche beibringen nicht auf den Küchentisch zu springen und sie nächste Woche auf den Küchentisch setzen, dann haben Sie sehr bald eine sehr verwirrte Katze bei sich leben. Seien Sie konsequent und liebevoll, durchdenken Sie Ihre Erziehung und lassen Sie sich von Ihrer Katze nicht die Butter vom Brot nehmen, schließlich sind Sie als Frauchen oder Herrchen Ranghöchste oder Ranghöchster!

## Fehler Nummer 5: Hauen, treten, kratzen, beißen sind ein No Go!

Ob körperliche Bestrafungen angemessen sind, steht hier hoffentlich außer Frage. Nein, natürlich nicht. Nicht nur, dass Ihre Katze nichts aus Klapsen, im Nacken packen oder ähnlichem lernt, sondern sie könnte durch ein solches Verhalten auch ernsthaft verletzt werden! Zwang und körperliche Bestrafung sind für Katzen enormer Stress und nützen nichts! Die Beziehung zwischen Ihnen und Ihrer Katze wird sich drastisch verschlechtern, wodurch sowieso schon unerwünschtes Verhalten verstärkt wird.

## Fehler Nummer 6: Die Katze unter Druck setzen

Niemand steht wirklich gerne unter Druck und so auch Ihre Katze nicht. Klar, Sie möchten am liebsten noch heute mit Ihrer Katze am Katzen Agility Kurs teilnehmen oder Ihre Katze durch einen super komplizierten Parkour laufen sehen, aber gut Ding will Weile haben und so ist das auch in der Katzenwelt. Wenn Sie eine übermotivierte Katze haben, die vom Training gar nicht genug bekommen kann, dann dürfen Sie natürlich ordentlich abliefern. In der Regel möchten Katzen aber nicht 24/7 am Clicker oder Targetstab hängen. Also seien Sie geduldig mit sich selbst und Ihrer Katze, denn unter Druck lässt es sich schwer lernen!

## Fehler Nummer 7: Die Katze beim Fressen stören

Genauso wenig, wie wir von unserer Katze beim Essen gestört werden möchten, möchte die Katze von uns beim Fressen gestört werden. Sobald die Katze am Futternapf beschäftigt ist – Finger weg und das liebe Tier ungestört essen lassen. Manche Katzen können verdammt ungemütlich und mürrisch werden, wenn Sie keine ausreichende Ruhe beim Fressen haben. Eine auf Dauer beim Fressen gestörte Katze sorgt ganz schnell für Unruhe zu Hause! Zusätzlich leidet die Beziehung zwischen Ihnen und Katze, wenn die Katze Sie als den störenden Übeltäter identifizieren kann.

## Fehler Nummer 8: Die Katze auf den Schoß nehmen oder tragen

Katzen entscheiden ganz gerne selbst, wann sie bei wem auf den Schoß klettern und wie lange sie dort bleiben. Respektieren Sie das Bedürfnis Ihrer Katze diese Entscheidungen selbst treffen zu wollen und sie wird Sie dafür umso mehr lieben und umso mehr Zeit auf Ihrem Schoß verbringen. Nur die wenigsten Katzen möchten sich tragen lassen, weil sie sich einfach gerne autonom fortbewegen. Zwingen Sie Ihre Katze bitte nicht zu Ihnen auf den Schoß zu kommen oder sich tragen zu lassen.

## Fehler Nummer 9: Die Katze anstarren

Besonders während des Trainings, möchten wir unseren Liebling natürlich genau im Blick haben. Dies kommt bei der Katze aber unter Umständen gar nicht so lieb an, wie es gemeint ist, denn Anstarren drückt in der Welt der Katzen Aggression aus. Vermeiden Sie es also allzu offensichtlich zu starren, damit Ihre Katze keine falschen Signale aufschnappt.

## Fehler Nummer 10: Ihre Katze ist perfekt

Natürlich ist sie das, aber auch der perfekteste Stubentiger hat auch mal einen schlechten Tag und möchte dann vielleicht wenig oder auch gar nicht trainieren. Respektieren Sie dies, denn für eine sensible Katze ist es viel wichtiger, dass sie gerade an schlechten Tagen ein wenig mehr Ruhe hat und sich entspannen kann. Hier ist Ehrgeiz fehl am Platz und führt auf beiden Seiten nur zu Frustrationen. Die Regelmäßigkeit ist bei der Erziehung und beim Training zwar das A und O, aber eben auch nicht mehr. Manchmal möchte Ihr Tigerchen auch einfach nur gemütlich mit Ihnen auf dem Sofa entspannen und die Seele baumeln lassen.

# Hat Ihnen das Buch gefallen?

Wir würden uns unheimlich über eine Bewertung von Ihnen freuen!

Um es Ihnen so einfach wie möglich zu machen, können Sie mit Ihrem Smartphone oder Tablet einfach den folgenden Code scannen und Sie gelangen direkt zur Rezensionsabgabe!

Wir freuen uns über Ihre Meinung und wünschen Ihnen und ihrer Katze alles Gute!

Alternativ können Sie folgenden Link in Ihren Webbrowser eingeben.

https://t1p.de/zyw9

# Schlusswort

Liebe Leserin, lieber Leser,

Sie sind nun am Ende eines ausführlichen Ratgebers zum Thema Katzenhaltung und Katzenerziehung angekommen und haben sicherlich einiges dazugelernt.

Sie wissen nun, welche beliebten Rassen es gibt, wie Sie eine Samtpfote adoptieren und sanft in Ihre Familie integrieren können, welches Equipment wirklich wichtig ist und worauf Sie eventuell sogar verzichten können. Was das Thema Ernährung angeht, haben Sie einen idealen Überblick über Arten der Ernährung, wie beispielsweise das BARFen oder das Füttern mit Fertigprodukten, und wissen, worauf Sie bei der Auswahl und Zubereitung unbedingt achten müssen. Gegen was Sie Ihren Liebling auf jeden Fall impfen sollten und ob Kastration oder Sterilisation Sinn machen, haben Sie im zugehörigen Kapitel erfahren. Aber auch was den Alltag mit Ihrer Katze betrifft sind Sie jetzt Experten! Clickertraining, Agility und Targettraining sind Ihnen keine Fremdwörter mehr, dafür wird das Wort Langeweile hoffentlich zum Fremdwort für Sie und Ihren Stubentiger!

Sollten Sie noch keine Katze besitzen, hat Ihnen das Buch hoffentlich dabei geholfen, Ihre Entscheidung zu treffen. Lebt bereits eine Samtpfote bei Ihnen oder sogar mehrere, wünsche ich Ihnen ein wunderschönes, gesundes und langes Zusammenleben, reich an Spiel und Liebe!

Viel Freude auf Ihrer Reise!

# Quellen & weiterführende Literatur


- Braun, M. (2005). Clickertraining für Katzen : Erziehung macht Spaß. Brunsbek: Cadmos.
- http://geliebte-katze.de/information/katzenhaltung/erziehung-der-katze/7-todsuenden-der-katzenerziehung
- http://www.einfachtierisch.de/katzen/katzenerziehung/
- http://www.welt-der-katzen.info/erziehung.html
- http://katzen-online-ratgeber.de/spr-katzensprache-verbal-nonverbal-kratzbaum.htm
- http://katzen-fieber.de
- https://www.deine-tierwelt.de/magazin/katzenhaltung-einzelkatze-oder-mehrkatzenhaltung/
- https://www.pfotenschatz.de/katzenwohnung-katzengerechte-wohnung.html
- http://www.einfachtierisch.de/katzen/katzen-gesundheit/liste-der-fuer-katzen-giftigen-pflanzen-id63296/
- https://www.katzenkram.net/wohnungskatzen/gefahr-fuer-wohnungskatzen-darauf-sollte-man-unbedingt-achten/
- https://www.katzenkram.net/katzen-gesundheit/katzenimpfung/
- http://www.katzenschutzbund-koeln.de/gesundheit/katzenseuche/
- http://www.einfachtierisch.de/katzen/katzen-gesundheit/tollwut-bei-katzen-symptome-id67585/

- http://geliebte-katze.de/information/gesundheit-von-katzen/katze-beim-tierarzt/kastration-von-katze-und-kater
- https://www.katzen-fieber.de/impfungen.php
- https://www.katzenkram.net/katzen-tipps-tricks/katzen-aneinander-gewoehnen/
- https://www.tiergesund.de/medizin/katze/impfung-impfschema
- https://www.katzenkram.net/katzen-gesundheit/katzenimpfung/
- https://www.animals-digital.de/katzen/katzenrassen/
- https://www.katzenhaltung.org/Katzenhaltung/Ernaehrung/Katzenfutter.html
- https://www.katzenkram.net/katzen-ernaehrung/hochwertiges-katzenfutter-erkennen/
- https://www.katzen-fieber.de/supplemente.php

  Braun, M. (2005). Clickertraining für Katzen: Erziehung macht Spaß. Brunsbek: Cadmos.
- http://geliebte-katze.de/information/katzenhaltung/erziehung-der-katze/7-todsuenden-der-katzenerziehung
- http://www.einfachtierisch.de/katzen/katzenerziehung/

  http://www.welt-der-katzen.info/erziehung.html

**Bildquellen:**

https://de.depositphotos.com/

**Impressum:**



1. Auflage



Kontakt: Lars Hütz/Dückersstraße 9a/40667 Meerbusch

Coverfoto: (fantom_rd)/depositphotos.com

Drucker: Amazon Media EU S.à r.l., 5 Rue Plaetis, L-2338, Luxembourg